本書の特長と使い方

本書は，ノートの穴うめで最重要ポイントを整理し… 題に取り組むことで，中学数学の基礎を徹底的に… ップを目指すための教材です。

1単元2ページの構成です。

JN008252

ここから解説動画が見られます。
くわしくは2ページへ

第4章　図形の性質と合同

1 平行線と角

動画をみながらうめよう！

対頂角

□……2直線が交わってできる4つの角のうち，向かい合っている2つの角。
右の図で，対頂角は∠aと＿＿，∠bと＿＿

2直線がどのように交わっても対頂角は等しい！

対頂角は＿＿。
→∠a=＿＿，∠b=＿＿

例　左の図で，
∠a=＿＿　（35°の角の対頂角）
∠b+＿＿+＿＿=180°
∠b=＿＿　（∠a）

memo　1直線の角は180°

同位角，錯角

2直線ℓ，mに直線nが交わってできる8つの角のうち，
◎＿＿…∠aと∠e，∠bと∠f，
∠cと＿＿，∠dと＿＿
◎錯角………∠bと∠h，∠cと＿＿

2直線が＿＿ならば，同位角，錯角は等しい。

例　左の図で，ℓ∥mである。
平行線の＿＿は等しいので，
∠x=＿＿

同位角はスライドするイメージ

左の図で，ℓ∥mである。
平行線の＿＿は等しいので，
∠y=＿＿

錯角は道路向こうのななめお向かいさん

同位角または錯角が等しいならば，2直線は＿＿。

例　右の図で，同位角が120°で等しいから，
直線ℓと直線mは＿＿である。

2直線は平行　ならば→　同位角は等しい
　　　　　　←ならば　錯角は等しい

●補助線をひいて角度を求める問題
例　右の図でℓ∥mのとき，∠xの大きさを求める。
ℓ，mに平行で∠xの頂点を通る補助線をひくと，
平行線の同位角は等しいので
∠x=＿＿+＿＿=＿＿

Point!　対頂角，平行線の同位角，錯角が等しいことを利用して，わかる角の大きさを図にどんどん書きこんでいこう！

確認問題

次の図でℓ∥m∥nのとき，∠x，∠y，∠zの大きさを求めましょう。

∠x=〔　　〕
∠y=〔　　〕
∠z=〔　　〕

50　　51

❶ まとめノート

授業を思い出しながら，＿＿に用語や式，数を書きこんでいきましょう。
思い出せないときは，
解説動画を再生してみましょう。

❷ 確認問題

ノートに整理したポイントが身についたかどうかを確認問題で確かめましょう。

登場するキャラクター

数犬チャ太郎

かっぱ

使い方はカンタン！

ICTコンテンツを活用しよう！

本書には，QR コードを読み取るだけで見られる解説動画がついています。「授業が思い出せなくて何を書きこめばよいかわからない…」そんなときは，解説動画を見てみましょう。

解説動画を見よう

① 各ページの QR コードを読み取る

便利な使い方

ICT コンテンツが利用できるページをスマホなどのホーム画面に追加することで，毎回 QR コードを読みこまなくても起動できるようになります。くわしくは QR コードを読み取り，左上のメニューバー「≡」▶「ヘルプ」▶「便利な使い方」をご覧ください。

QR コードは株式会社デンソーウェーブの登録商標です。 内容は予告なしに変更する場合があります。
通信料はお客様のご負担となります。Wi-Fi 環境での利用をおすすめします。また，初回使用時は利用規約を必ずお読みいただき，同意いただいた上でご使用ください。
ICT とは，Information and Communication Technology（情報通信技術）の略です。

目　次

単項式と多項式

単項式と多項式

●単項式と多項式

単項式 …$3a$，$-xy$，n^2 のように数や文字をかけ合わせただけの式。

x，6 など１つの文字や数も単項式という。

＿＿＿＿ …$2x^2-3y$ のように単項式の和の形で表された式。

●多項式の項

多項式において，１つ１つの単項式を＿＿＿という。

また，数だけの項を＿＿＿＿＿という。

項　項　項(定数項)
$4x-y+5$

●係数と次数

＿＿＿＿ … 単項式や多項式の項が数と文字の積になっているとき，文字にかけ合わされている数。

項
$7x$
係数

例 $7x$ の係数は＿＿＿

例 $-12n^2m^3$ の係数は＿＿＿

＿＿＿＿ … 単項式で，かけ合わされている文字の個数。

例 $5xy=5\times x\times y$ ←文字が２個かけ合わされているので，次数は＿＿＿

例 $-3a^3=-3\times a\times a\times a$ ←文字が３個かけ合わされているので，次数は＿＿＿

●多項式の次数

多項式の次数 … 多項式の各項の次数のうち，もっとも＿＿＿＿＿もの。

例 $-3xy+2x^2y-5xy^3$ → この式の次数は＿＿＿。

次数は２　次数は３　次数は４

次数が４の式は
４次式というよ！

同類項

●同類項

1 つの多項式の中で，文字の部分が同じ項を ____ という。

例 多項式 $2x^2-3xy+3y^3-4x^2+5y-6xy$ について，

同類項は ____ と ____ ， ____ と ____ 。

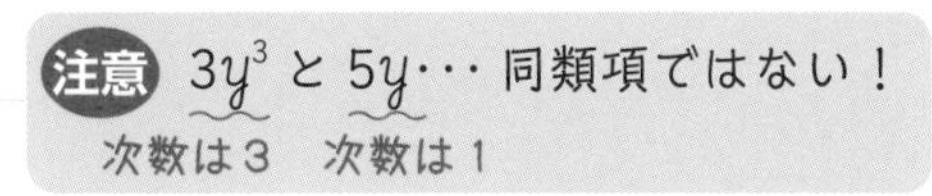

●同類項のまとめ方

同類項は ____ の式を用いて 1 つの項にまとめることができる。

例 $-6a+5b+c+3a-9b-2$

$=-6a+3a+5b-9b+c-2$

$=(\quad\quad)a+(\quad\quad)b+c-2$

$=\quad a\quad b+c-2$

memo
分配法則 $(a+b)x=ax+bx$

Point! $+c$ と -2 は他に同類項はないので，そのままで OK！
同類項どうしをまとめよう。

確認問題

(1) 次のそれぞれの式を単項式と多項式に分けましょう。

ア $-3xy$　　イ $4x^3-2x^2+3$　　ウ $\frac{1}{5}a^3$　　エ $a-11$

単項式〔　　　〕 多項式〔　　　〕

(2) 次のそれぞれの式の次数を答えましょう。

① $\frac{1}{4}xy$　　② $-6x^3-x^2+4$　　③ $-\frac{2}{5}a^5-a^3b^2+\frac{1}{7}ab^3$

〔　　　〕　〔　　　〕　〔　　　〕

(3) 次の式の同類項をまとめて簡単にしましょう。

① $3x^2+5x-7x^2+2x$　　② $-6a^3-a^2+4-2a^3+5a^2-1$

〔　　　〕　〔　　　〕

2 多項式の加法と減法

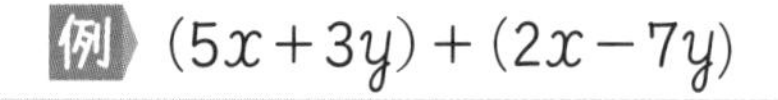

多項式の加法

加法…たし算

多項式の加法は，すべての項を加えて，______をまとめる。

例 $(5x+3y)+(2x-7y)$

　　符号はそのままでかっこをはずす

$=5x+3y$ ____ $2x$ ____ $7y$

　　項を並べかえる

$=5x$ ____ $+3y$ ____

　　同類項をまとめる

$=$ ____ $x+$ ____ y

　　各項の係数を計算する

$=$ ____ x ____ y

注意 $(5x+3y)+(+2x-7y)$
$2x$の前に＋が隠れている！

memo
加法のときはかっこをそのままはずす。

多項式の減法

減法…ひき算

多項式の減法は，ひく式の各項の符号を変えてから，
すべての項を加えて______をまとめる。

例 $(9x+2y)-(6x-5y)$

　　$6x-5y$の項の符号を変えてかっこをはずす

$=9x+2y$ ____ $6x$ ____ $5y$

　　項を並べかえる

$=9x$ ____ $+2y$ ____

　　同類項をまとめる

$=$ ____ $x+$ ____ y

　　各項の係数を計算する

$=$ ____ x ____ y

memo
減法のときは符号を変えてかっこをはずす。
$-(6x-5y)=-6x+5y$

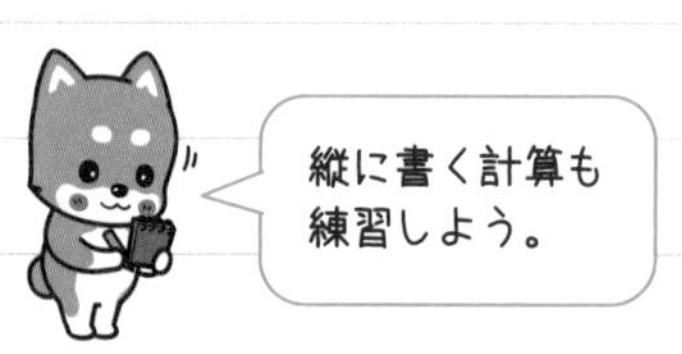

$$
\begin{array}{r}
9x+2y \\
-)\ 6x-5y \\
\hline
3x+7y
\end{array}
$$

$9x-6x$　$2y+5y$

下の式の各項の符号を変えることを忘れないで!!

Point! 2つの式の和，差を計算するときは，
はじめにそれぞれの式にかっこをつけた式をつくろう！

例 $2a^2+3a$，$-5a^2+6a$ について，
左の式から右の式をひいた差を求める。

それぞれの多項式にかっこをつけてひき算をする

$(2a^2+3a)$ ＿＿ $(-5a^2+6a)$

$-5a^2+6a$ の項の符号を変えてかっこをはずす

$=2a^2+3a$ ＿＿ $5a^2$ ＿＿ $6a$

項を並べかえる

$=2a^2$ ＿＿ $+3a$ ＿＿

同類項をまとめる

$=$ ＿＿ a^2+ ＿＿ a

各項の係数を計算する

$=$ ＿＿ a^2 ＿＿ a

確認問題

(1) 次の計算をしましょう。

① $(5x-7y)+(7x-2y)$　　② $(9x^2+15x)+(-3x^2-23x)$

③ $(9x-y)-(2x+5y)$　　④ $(-12a^2+8a)-(6a^2-2a)$

(2) 次の2つの式について，左の式から右の式をひいた差を求めましょう。

$3x-5y$，$-4x+8y$

3 多項式と数の乗法，除法

多項式と数の乗法

多項式と数の乗法は，＿＿＿＿法則を使って計算する。

分配法則　$m(a+b)=ma+mb$　$(a+b)m=am+bm$

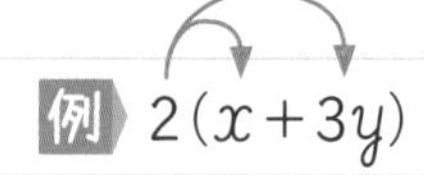

例 $2(x+3y)$

$=2\times$ ＿＿＿ $+2\times$ ＿＿＿

$=$ ＿＿＿＿＿

分配法則を使って
かっこをはずす

$m(a+b) \rightarrow m\times(a+b)$
乗法の記号が隠れているよ。

例 $(4a+7b)\times(-3)$

$=4a\times$ ＿＿＿ $+7b\times$ ＿＿＿

$=$ ＿＿＿＿＿

負の数のときは
かっこをつけてかける

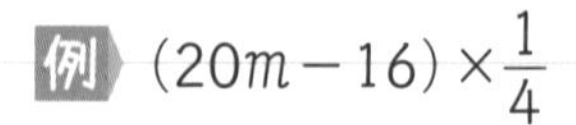

例 $(20m-16)\times\frac{1}{4}$

$=20m\times$ ＿＿ $-16\times$ ＿＿

$=$ ＿＿＿＿

分数をかける
ときも同じ

約分して
式を整理する

注意　後ろの項へかけ忘れないこと！
すべての項に符号ごとかけよう。

多項式と数の除法

多項式と数の除法は，わる数の＿＿＿＿をかける乗法になおして計算する。

除法→乗法

$$(a+b)\div m=(a+b)\times\frac{1}{m}=\frac{a}{m}+\frac{b}{m}$$

memo
$\bigcirc$の逆数→$\frac{1}{\bigcirc}$
$\frac{\triangle}{\square}$の逆数→$\frac{\square}{\triangle}$

例 $(8x-4y)\div 4$

$=(8x-4y)\times$ ＿＿

$=8x\times$ ＿＿ $-4y\times$ ＿＿

$=$ ＿＿

除法を，逆数をかける乗法にする

分配法則を使ってかっこをはずす

約分して式を整理する

わる数が整数のときは，分数の形にしてもよい。

別解

$(8x-4y)\div 4=\dfrac{\overset{2}{\cancel{8}}x-\overset{1}{\cancel{4}}y}{\cancel{4}}$

$=2x-y$

例 $(12a+9b)\div\dfrac{3}{2}$

$=(12a+9b)\times$ ＿＿

$=12a\times$ ＿＿ $+9b\times$ ＿＿

$=$ ＿＿

除法を，逆数をかける乗法にする

分配法則を使ってかっこをはずす

約分して式を整理する

確認問題

次の計算をしましょう。

(1) $5(3x-4y)$

(2) $-3(2x^2+8x-3)$

(3) $(8a^2-12a+6)\times\dfrac{1}{2}$

(4) $(18x-15y)\div 3$

(5) $(-24a+20b)\div(-4)$

(6) $(-9m+6n-3)\div\dfrac{3}{4}$

4 いろいろな計算

かっこをふくむ式の計算

かっこをふくむ式の計算は，＿＿＿＿法則を使ってかっこをはずし，

係数を計算して＿＿＿＿をまとめる。

注意　記号が連続するときは必ずかっこをつける！

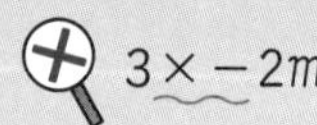
✕ $3\times-2m$　　○ $3\times(-2m)$

例 $3(x+2y)+2(3x-5y)$

$=3\times$＿＿＿＿$+3\times$＿＿＿＿$+2\times$＿＿＿＿$+2\times$＿＿＿＿　（分配法則を使ってかっこをはずす）

$=$＿＿＿＿$+$＿＿＿＿$+$＿＿＿＿$-$＿＿＿＿　（各項（かくこう）の計算をする）

$=3x+$＿＿＿＿$+$＿＿＿＿$-10y$　（項を並べかえる）

$=$＿＿＿＿　（同類項をまとめる）

例 $-4(2a+3b-1)+3(5a-2b)$　（分配法則を使ってかっこをはずす）

$=-4\times$＿＿＿＿$-4\times$＿＿＿＿$-4\times$＿＿＿＿$+3\times$＿＿＿＿$+3\times$＿＿＿＿

$=$＿＿＿＿$-12b+$＿＿＿＿$+$＿＿＿＿$-6b$　（各項の計算をする）

$=-8a+$＿＿＿＿$-12b-$＿＿＿＿$+4$　（項を並べかえる）

$=$＿＿＿＿　（同類項をまとめる）

注意　負の数をかけてかっこをはずすときの符号（ふごう）の変化に気をつけよう！

✕ $-4(2a+3b-1)$
$=-8a+12b-4$
はじめの項しか符号を変えていない

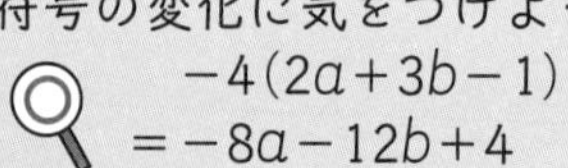
○ $-4(2a+3b-1)$
$=-8a-12b+4$

分数をふくむ式の計算

分数をふくむ式の計算は，＿＿＿＿して計算する。（分母をそろえること）

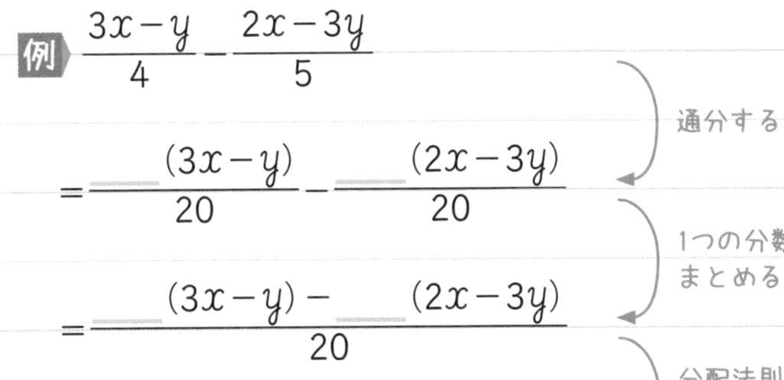

例 $\dfrac{3x-y}{4}-\dfrac{2x-3y}{5}$

$=\dfrac{\_\_(3x-y)}{20}-\dfrac{\_\_(2x-3y)}{20}$ 　通分する

$=\dfrac{\_\_(3x-y)-\_\_(2x-3y)}{20}$ 　1つの分数にまとめる

$=\dfrac{\_\_\_\_\_\_}{20}$ 　分配法則を使ってかっこをはずす

$=\dfrac{\_\_\_\_}{20}$ 　同類項をまとめる

注意 通分するときは，分子にはかっこを必ずつける！

（分数）×（多項式）の形にしてもよい。

$$\frac{3x-y}{4}-\frac{2x-3y}{5}=\frac{1}{4}(3x-y)-\frac{1}{5}(2x-3y)=\frac{3}{4}x-\frac{1}{4}y-\frac{2}{5}x+\frac{3}{5}y$$

$$=\frac{15}{20}x-\frac{8}{20}x-\frac{5}{20}y+\frac{12}{20}y=\frac{7}{20}x+\frac{7}{20}y$$

確認問題

次の計算をしましょう。

(1) $3(4x-3y)-2(3x+2y)$

(2) $-2(a+6b)+5(2a-b)$

(3) $\dfrac{2x-4y}{5}+\dfrac{3x+5y}{10}$

(4) $\dfrac{7a-2b}{6}-\dfrac{4a-8b}{9}$

5 単項式の乗法，除法

単項式どうしの乗法

単項式の乗法は，係数の＿＿に文字の＿＿をかける。

Point! 文字と数の積は①数（係数），②文字のアルファベット順に書く。

例 $3x\times5y$

$=3\times$＿＿$\times x\times$＿＿　（積の順序を入れかえる）

$=$＿＿$\times$＿＿　（係数を計算する）

係数の積　文字の積

$=$＿＿

前へ ならえ！

例 $4a\times(-5b)$

$=4\times$＿＿$\times a\times$＿＿　（積の順序を入れかえる）

$=$＿＿$\times$＿＿　（係数を計算する）

係数の積　文字の積

$=$＿＿

注意 $(-3x)^2=(-3x)\times(-3x)$
$-3x^2=-3\times x\times x$

例 $(-3x)^2$

$=(-3x)\times$＿＿　（2 乗なので，2 回かける）

$=(-3)\times$＿＿$\times$＿＿$\times$＿＿　（積の順序を入れかえる）

係数の積　文字の積

$=$＿＿　（係数を計算する）

memo
同じ文字の積は，指数を使って累乗（るいじょう）の形で表す。

単項式どうしの除法

単項式の除法は，わる数や文字の　　をかける　　　になおして

分数の形にして計算する。

例 $16ab \div 4a$

$= 16ab \times$ ＿＿

$= \dfrac{16 \times a \times b}{\text{＿＿}}$

$=$ ＿＿

（逆数をかける乗法にする）

（分数の形にする）

（数どうし，文字どうしで約分する）

注意 $4a$の逆数は$\frac{1}{4}a$ではない。

例 $\dfrac{5}{6}xy \div \left(-\dfrac{2}{3}x^2y\right)$

$= -\left(\dfrac{5}{6}xy \times \text{＿＿}\right)$

符号を先に決める！

$= -\dfrac{5 \times 3 \times x \times y}{\text{＿＿}}$

$= -$ ＿＿

（逆数をかける乗法にする）

（分数の形にする）

（数どうし，文字どうしで約分する）

memo

$\dfrac{2}{3}x^2y$の逆数は $\dfrac{3}{2x^2y}$

$\dfrac{2}{3}x^2y = \dfrac{2x^2y}{3} \to \dfrac{3}{2x^2y}$

Point! それぞれの文字や数が分母にくるか分子にくるかをしっかり把握しよう！

確認問題

次の計算をしましょう。

(1) $4xy \times 3x$

(2) $-5a \times (-a)^2$

(3) $\dfrac{1}{3}x \times \left(-\dfrac{3}{7}xy^2\right)$

(4) $18x^3 \div (-6x)$

6 乗法と除法の混じった計算

単項式の乗法と除法が混じった計算

単項式の乗法と除法が混じった計算は，

除法を乗法になおしてから，符号を決めて１つの＿＿＿の形にする。

例 $6x\times(-2xy^2)\div4xy$

$=6x\times(-2xy^2)\times$ ＿＿＿　（逆数をかける乗法にする）

$=$ ＿＿ $\dfrac{6x\times＿＿＿}{＿＿＿}$　（符号を先に決めて，１つの分数の形にする）

$=$ ＿＿＿　（数どうし，文字どうしで約分する）

memo
符号を先に決めよう！
負の項が偶数個
→答えは＋□
負の項が奇数個
→答えは－□

例 $12ab^3\div(-3ab^2)\div(-2a)$

$=12ab^3\times$ ＿＿＿ $\times$ ＿＿＿　（逆数をかける乗法にする）

$=\dfrac{12ab^3}{＿＿＿\times＿＿＿}$　（符号を先に決めて，１つの分数の形にする）

$=$ ＿＿＿　（数どうし，文字どうしで約分する）

例 $16x^2y\div4x\times2y$

$=16x^2y\times$ ＿＿ $\times$ ＿＿

$=\dfrac{16x^2y\times＿＿}{＿＿}$

$=$ ＿＿＿

注意
$16x^2y\div4x\times2y$
$=16x^2y\div8xy$
先にこっちを計算するミスが多発中

例 $18a^3b^2 \div \left(-\frac{4}{5}ab^2\right) \div \left(-\frac{3}{2}ab\right)$

$= 18a^3b^2 \times \underline{\qquad\qquad} \times \underline{\qquad\qquad}$

$= \dfrac{18a^3b^2 \times \underline{\qquad} \times \underline{\qquad}}{\underline{\qquad} \times \underline{\qquad}}$

$= \underline{\qquad\qquad}$

注意

$-\frac{4}{5}ab^2 = -\frac{4ab^2}{5}$

よって，逆数は $-\frac{5}{4ab^2}$

$-\frac{3}{2}ab = -\frac{3ab}{2}$

よって，逆数は $-\frac{2}{3ab}$

Point! 先に符号を決めてから，１つの分数の形にする。
「かける式」は分子，「わる式」は分母にもってこよう。

確認問題

次の計算をしましょう。

(1) $12xy \times (-2x) \div 3y$

(2) $-15a^2b^2 \div (-3a) \div (-2ab)$

(3) $-24x^3y^2 \div 6x^2y \times (-4x)$

(4) $(2ab)^2 \times (-6a) \div (-8ab^2)$

(5) $9xy^2 \times \frac{2}{3}x \div (-6y)$

(6) $-\frac{5}{9}a^4 \div 10a^3 \times \frac{3}{2}a$

7 式の値

式の値

式の値を求めるときには，以下のことに注意する。

［1］ 負の数を代入するときには，＿＿＿＿を使う。

［2］ 同類項をまとめたり，整理したりして，式をできるだけ簡単な形にしてから，数を代入する。

例 $x=-2$，$y=4$ のとき，$4x+5y$ の値

（xの値を代入）（yの値を代入）

$4\times$＿＿＿＿$+5\times$＿＿

$=-8+$＿＿＿

$=12$

例 $a=3$，$b=-2$ のとき，$-3ab^2$ の値

（xの値を代入）（yの値を代入）

$-3\times$＿＿$\times$＿＿＿＿^{2}

$=-3\times3\times$＿＿

$=$＿＿＿＿

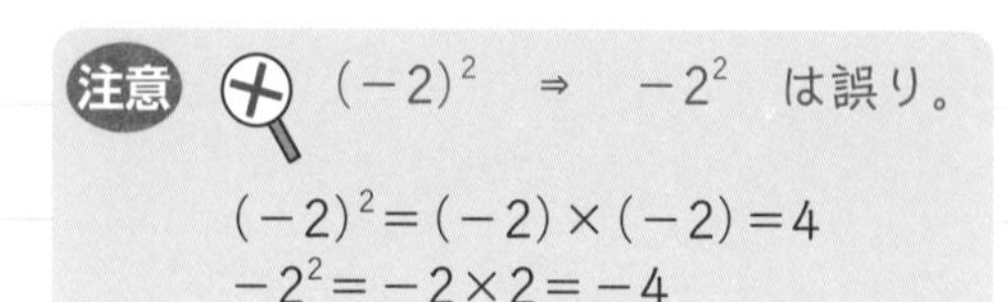

注意　$(-2)^2 \Rightarrow -2^2$ は誤り。

$(-2)^2=(-2)\times(-2)=4$

$-2^2=-2\times2=-4$

例 $x=5$，$y=2$ のとき，$2(x+3y)-4(2x-y)$ の値

まず，与えられた式の同類項をまとめて簡単な形にする。

$2(x+3y)-4(2x-y)$

$=2x+6y$＿＿＿＿＿＿　（分配法則を使ってかっこをはずす）

$=-6x$＿＿＿＿＿　……①　（同類項をまとめる）

①の式に，$x=5$，$y=2$ を代入する。

（xの値を代入）（yの値を代入）

$-6\times$＿＿$+10\times$＿＿

$=$＿＿＿＿$+$＿＿＿＿

$=$＿＿＿＿

ごちゃごちゃ　よりも　スッキリ

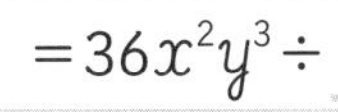

例 $x=-1$，$y=-2$ のとき，$36x^2y^3\div(-3xy)^2\times2x$ の値

まず，与えられた式を整理して簡単な形にする。

$36x^2y^3\div(-3xy)^2\times2x$

累乗(るいじょう)の計算をする

$=36x^2y^3\div$ ＿＿＿＿ $\times2x$

分数の形にする

$=\dfrac{36x^2y^3\times2x}{\text{＿＿＿＿}}$

数どうし，文字どうしで約分する

$=$ ＿＿＿＿ ……②

memo
「かける式」は分子，
「わる式」は分母。

②の式に，$x=-1$，$y=-2$ を代入する。

xの値を代入　　yの値を代入

$8xy=8\times$ ＿＿＿＿ $\times$ ＿＿＿＿

$=$ ＿＿＿＿

確認問題

(1) $a=6$，$b=-4$ のとき，次の式の値を求めましょう。

① $2a-3b$　　② $-ab^2$

(2) $x=-\dfrac{1}{2}$，$y=\dfrac{3}{4}$ のとき，次の式の値を求めましょう。

① $6x+4y$　　② $4(x-2y)-(5x-6y)$

8 文字式の利用

数に関する性質の説明

文字式を利用することで，数に関するいろいろな性質を説明することができる。

●いろいろな整数の表し方

n を整数とすると

・偶数（ぐうすう）……$2n$　　・奇数（きすう）……＿＿＿＿

・3の倍数……＿＿＿＿

・3でわると1余る数……＿＿＿＿

・3でわると2余る数……＿＿＿＿

[3, 4, 5]や[19, 20, 21]など

・連続する3つの整数……n，＿＿＿＿，＿＿＿＿

十の位の数を a，一の位の数を b とすると

・2けたの自然数……$10a+b$

memo
連続する3つの整数は
$n-1$，n，$n+1$
などでもOK！

例 2つの奇数の和は偶数であることを説明する。

〔説明〕m，n を整数とすると，　奇数は「2の倍数＋1」

2つの奇数は $2m+1$，＿＿＿＿ と表される。

したがって，それらの和は，

$(2m+1)+$ ＿＿＿＿

$=2m+2n+2$

$=2(m+n+1)$

＿＿＿＿は整数だから，＿＿＿＿は＿＿＿＿である。

ここは大切なので絶対に書くようにしよう！

よって，2つの奇数の和は偶数である。

説明したかったことを最後に書く

memo
「2の倍数－1」，
「2の倍数＋3」なども
奇数を表す。

注意 2つの奇数を $2m-1$，$2m+1$ とすると，3，5や17，19など連続した2つの奇数に限定されてしまうのでまちがい！

図形に関する性質の説明

文字式を利用することで，図形に関するいろいろな性質を説明することができる。

例 大小２つの円の半径の差が a であるとき，２つの円周の差は小さい円の半径には関係がないことを説明する。

〔説明〕小さい円の半径を r とすると，大きい円の半径は ______ と表される。

小さい円の円周は，$2\pi r$

大きい円の円周は，$2\pi($ ______ $)$

であるから，円周の差は

______ − ______ $=2\pi r+$ ______ − ______

$=$ ______

円周の差には小さい円の半径 r がふくまれないので，２つの円周の差は小さい円の半径に関係がない。

Point! 文字を適切において式をつくり，説明したいことのゴールを目指して式を整理しよう！

確認問題

２けたの自然数と，その自然数の十の位の数と一の位の数を入れかえた自然数の差は９の倍数になることを説明しましょう。

〔説明〕もとの自然数の十の位の数を a，一の位の数を b とすると，

よって，もとの自然数と入れかえた数の差は９の倍数になる。

9 等式の変形

等式の変形

2つ以上の文字をふくむ等式で，

等式を「ある文字＝～」の形に変形することを，

ある文字について＿＿＿＿という。

等式を変形するときは，

右の等式の性質を利用する。

等式の性質

$A=B$ ならば，

[1]　$A+C=B+C$

[2]　$A-C=B-C$

[3]　$A\times C=B\times C$

[4]　$A\div C=B\div C\,(C\neq 0)$

例 $y=4x+7$ を x について解く。

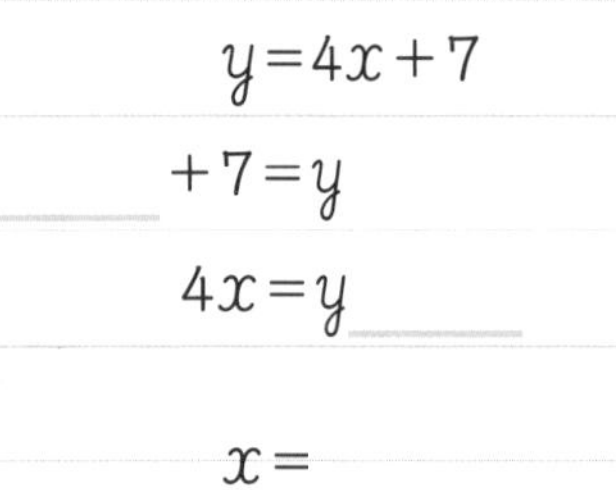

$y=4x+7$
（左辺と右辺を入れかえる）

＿＿＿＿$+7=y$
（+7を右辺に移項（いこう）する）

$4x=y$＿＿＿＿
（両辺を4でわる）

$x=$＿＿＿＿

Point! 左辺と右辺に同じ操作をして，少しずつ「ある文字＝～」の形に近づけていこう！

例 $c=\dfrac{a+3b}{5}$ を a について解く。

$c=\dfrac{a+3b}{5}$
（左辺と右辺を入れかえる）

＿＿＿＿$=c$
（両辺に5をかける）

$a+$＿＿＿＿$=$＿＿＿＿c
（+3bを右辺に移項する）

$a=$＿＿＿＿

memo
分数があるときは，
両辺を何倍かして
分母をはらい，係数が
整数だけの式にすると
わかりやすい。

図形の関係式の変形

例 台形の面積の公式から高さを求める式をつくる。

上底が $a$cm，下底が $b$cm，高さが $h$cm の
台形の面積が Scm^2 であるとき，

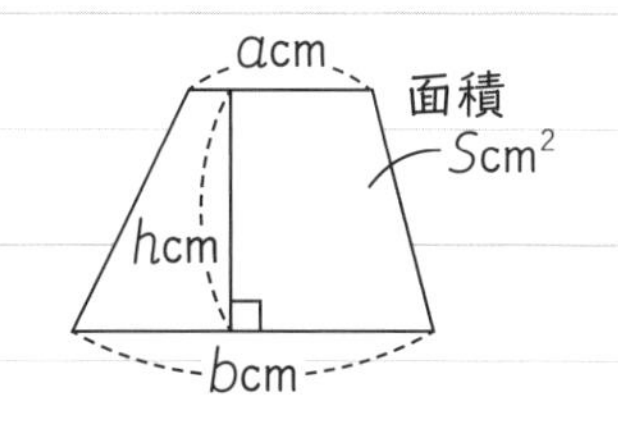

$$S=\frac{1}{2}h(a+b)$$

台形の面積の公式
(上底＋下底)×高さ×$\frac{1}{2}$

が成り立つ。この式を h について解く。

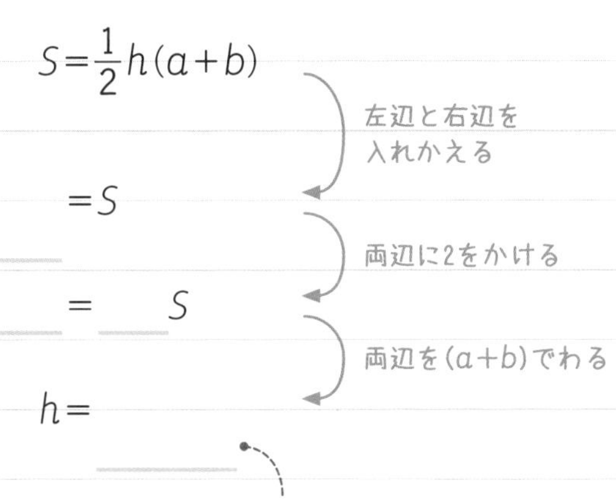

はじめに解く文字を
左辺に移項すると
変形しやすいよ！

確認問題

(1) 次の等式を〔 〕の中の文字について解きましょう。

① $a=6b-2$ 〔b〕　　　② $8xy=4$ 〔y〕

〔　　　　〕　　　〔　　　　〕

(2) 底面の半径が $r$cm，高さが $h$cm の円柱の体積を Vcm^3 とする。V を r，h を用いて表し，高さを求める式をつくりましょう。

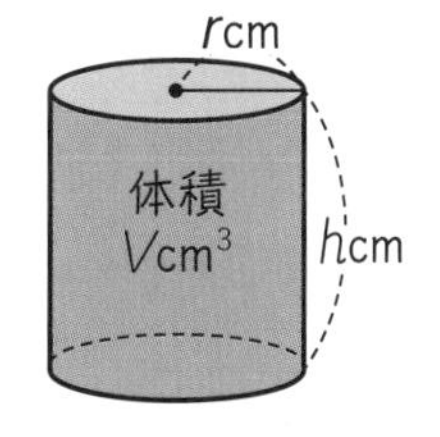

$V=$〔　　　　〕

高さを求める式〔　　　　〕

1 加減法

連立方程式

●2元1次方程式

2つの＿＿＿＿をふくむ1次方程式を2元1次方程式という。

例 $2x+3y=12$，$-8a+3b=4$ など

2元1次方程式を成り立たせる2つの文字の組を，

その方程式の＿＿＿＿という。

$3x+2y=12$……① を成り立たせる文字の値（あたい）の組

x	-2	-1	0	1	2
y	9	$\frac{15}{2}$	6	$\frac{9}{2}$	＿＿

$x=2$ のときの y の値を考えてみよう！

①の式に $x=2$ を代入して，y について解くと，

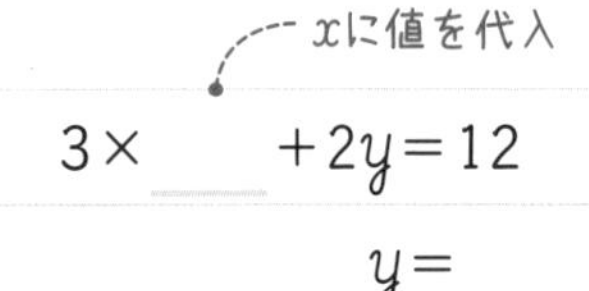

memo
2元1次方程式を成り立たせる解はたくさんある。

●連立方程式

方程式をいくつか組にしたものを＿＿＿＿＿＿という。

それらのどの方程式も成り立たせる文字の値の組を連立方程式の＿＿＿＿，

その解を求めることを連立方程式を＿＿＿＿という。

加減法

連立方程式の2つの式の左辺どうし，右辺どうしを，それぞれたしたり，

ひいたりして，1つの文字を消去して解く方法を＿＿＿＿＿という。

◎どちらかの文字の係数の絶対値が等しければ，

そのまま2つの式をたしたり，ひいたりして文字が消去できる。

◎どちらの文字も係数の絶対値が異なるときは，式の両辺を何倍かして，

どちらかの文字の係数の＿＿＿＿＿をそろえる。

Point! 消去する文字は，

消去しやすければどちらでもOK！

または　x　y

どちらを消そうかな～

$$\begin{cases} 3x+2y=4 \cdots\cdots ① \\ 4x+5y=3 \cdots\cdots ② \end{cases}$$

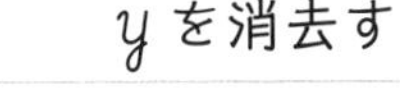

y を消去するために，

①の両辺を ___ 倍，②の両辺を ___ 倍する。

①×5　　$15x+$ ___ $y=20$

②×2　$-)\ 8x+$ ___ $y=6$　　yの係数がそろった！

___ x $=$ ___　　yが消去できた！

10yどうしをひくと0になる

$x=$ ___

$x=$ ___ を①に代入すると　$3\times$ ___ $+2y=4$

$2y=-2$　　$y=$～の形にする

$y=$ ___

解は，$x=$ ___，$y=$ ___

注意 文字の値を代入するときは，何倍かする前の元の式に代入する。

確認問題

次の連立方程式を加減法で解きましょう。

(1) $\begin{cases} 3x+2y=4 \\ 5x+2y=8 \end{cases}$

〔　　　　　　〕

(2) $\begin{cases} 4x+y=7 \\ 2x-y=-1 \end{cases}$

〔　　　　　　〕

(3) $\begin{cases} 4x+3y=1 \\ -x+y=5 \end{cases}$

〔　　　　　　〕

(4) $\begin{cases} -2x+3y=-4 \\ 3x-4y=5 \end{cases}$

〔　　　　　　〕

2 代入法

代入法

「ある文字＝～」の形の式を他方の式に代入し，1つの文字を消去して連立方程式を解く方法を＿＿＿＿という。

例
$$\begin{cases} x=2y-1 & \cdots\cdots① \\ 3x-2y=9 & \cdots\cdots② \end{cases}$$

$x=2y-1$
$3x-2y=9$

②の x に，①の $2y-1$ を代入すると

3＿＿＿＿$-2y=9$
＿＿＿＿$-2y=9$
（分配法則を使ってかっこをはずす）

$4y=$＿＿＿＿
$y=$＿＿
（$y=$～の形にする）

注意 式を代入するときは，必ずかっこをつけること。

$y=$＿＿を①に代入すると
$x=2\times$＿＿-1
$=$＿＿

解は，$x=$＿＿，$y=$＿＿

分配法則では，後ろの項（こう）にもかけることを忘れないで！

例
$$\begin{cases} -2x+3y=-13 & \cdots\cdots① \\ y=-4x+5 & \cdots\cdots② \end{cases}$$

$-2x+3y=-13$
$y=-4x+5$

①の y に，②の $-4x+5$ を代入すると

$-2x+3$＿＿＿＿＿＿$=-13$
$-2x$＿＿＿＿＿＿$=-13$
（分配法則を使ってかっこをはずす）

$-14x=$＿＿＿＿
$x=$＿＿
（$x=$～の形にする）

$x=$＿＿を②に代入すると
$y=-4\times$＿＿$+5$
$=$＿＿

解は，$x=$＿＿，$y=$＿＿

ここに入るとおちつくにゃ～
$-4x+5$
3　y

式を変形して代入法を用いる解き方

「ある文字＝～」の形の式がないときでも，片方の式を「ある文字＝～」の形に変形してから，代入法を用いることができる。

例 $\begin{cases} 5x+y=3 & \cdots\cdots① \\ 3x-2y=7 & \cdots\cdots② \end{cases}$

①を y＝～の形に変形する（y について解く）と

$y=$ ＿＿＿ $+3$……③

②の y に③の $-5x+3$ を代入すると

$3x-2$ ＿＿＿＿＿ $=7$

$3x$ ＿＿＿＿＿ $=7$

分配法則を使ってかっこをはずす

$13x=$ ＿＿

$x=$ ＿＿

x＝～の形にする

$x=$ ＿＿ を③に代入すると　$y=-5\times$ ＿＿ $+3$

$=$ ＿＿

解は，$x=$ ＿＿，$y=$ ＿＿

memo
この場合は，①を変形した③に x の値(あたい)を代入した方が計算が簡単。

Point! 加減法，代入法のどちらが計算しやすいかを見極(みきわ)めて解こう。

確認問題

次の連立方程式を代入法で解きましょう。

(1) $\begin{cases} 5x+2y=-8 \\ y=3x+7 \end{cases}$

〔　　　　〕

(2) $\begin{cases} x=2y-4 \\ 4x-3y=4 \end{cases}$

〔　　　　〕

(3) $\begin{cases} 3x-5y=1 \\ -2x+y=4 \end{cases}$

〔　　　　〕

(4) $\begin{cases} x+7y=-2 \\ 2x+9y=1 \end{cases}$

〔　　　　〕

3 分数や小数のある連立方程式

係数に分数がある連立方程式の解き方

係数に分数がある場合は，両辺に分母の＿＿＿＿＿＿＿をかけて，

分母をはらい，係数が整数の方程式をつくる。

例 $\begin{cases} \frac{1}{6}x+\frac{2}{3}y=\frac{1}{3} \cdots\cdots ① \\ -3x+2y=8 \cdots\cdots ② \end{cases}$

3と6の最小公倍数は何かな？

①の両辺に＿＿をかけると

$\left(\frac{1}{6}x+\frac{2}{3}y\right)\times$ ＿＿ $=\frac{1}{3}\times$ ＿＿

＿＿＿＿＿ $=$ ＿＿ $\cdots\cdots$③

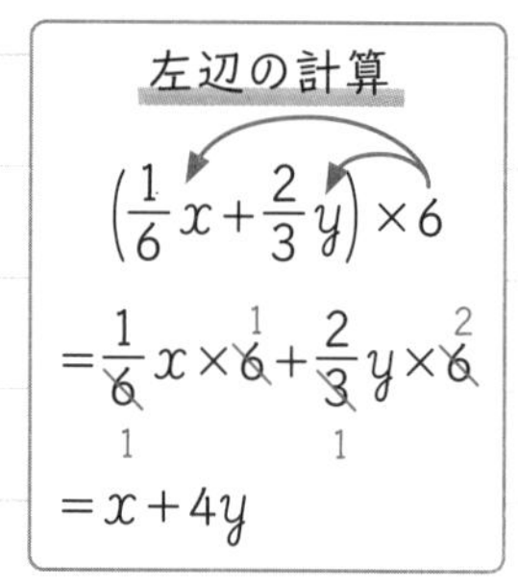

分母をはらうとき，右辺にも忘れず最小公倍数をかける。

③と②を連立方程式として解く。

x を消去するために，③の両辺を＿＿倍する。

③×3	$3x+$ ＿＿ $y=$ ＿＿
②	$+)\ -3x+\quad 2y=8$
	＿＿ $y=$ ＿＿
	$y=$ ＿＿

3xと−3xをたすと0になる

係数の絶対値がそろった！

xが消去できた！

$y=$ ＿＿を③に代入すると

$x+4\times$ ＿＿ $=2$

$x=$ ＿＿

x＝〜の形にする

解は，$x=$ ＿＿，$y=$ ＿＿

③と②は代入法で解いてもOK！

別解　③より，$x=-4y+2 \cdots\cdots$④

$-3(-4y+2)+2y=8$　　②のxに④の−4y+2を代入

$y=1$　　yについて解く

$y=1$ を④に代入すると $x=-4\times1+2$　　$x=-2$

係数に小数がある連立方程式の解き方

係数に小数がある場合は，両辺に 10，100，… をかけて，

係数が整数の方程式をつくる。

注意 整数に 10，100 をかけ忘れるミスが多発中

例 $\begin{cases} 0.9x+0.2y=-1 \cdots\cdots ① \\ 3x+2y=2 \quad \cdots\cdots ② \end{cases}$

①の両辺に ____ をかけると

____ $x+$ ____ $y=$ ____ ……③

③と②を連立方程式として解く。

③　____ $x+$ ____ $y=$ ____

②　$-)$ $3x \quad +2y=2$

____ x $=$ ____

$x=$ ____

2yどうしをひくと0になる

$x=$ ____ を②に代入すると

$3\times($ ____ $)+2y=2$

$2y=$ ____

$y=$ ____

y=〜の形にする

解は，$x=$ ____，$y=$ ____

Point! 分数，小数がふくまれていても，1次方程式のときと同じように，係数が整数だけの式に変形する。

確認問題

次の連立方程式を解きましょう。

(1) $\begin{cases} 3x-5y=9 \\ -\dfrac{1}{2}x+\dfrac{3}{8}y=-\dfrac{1}{8} \end{cases}$

(2) $\begin{cases} -5x+2y=12 \\ 0.3x+y=0.4 \end{cases}$

〔　　　　　〕　〔　　　　　〕

4 いろいろな連立方程式

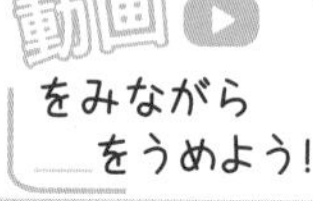

かっこのある連立方程式の解き方

＿＿＿＿＿を使ってかっこをはずして，○x＋△y＝□の形にして解く。

例
$$\begin{cases} 3x+2(1-2y)=-5 \cdots\cdots ① \\ 8x+3y=-5 \quad \cdots\cdots ② \end{cases}$$

①の式のかっこを分配法則を使ってはずすと，

$3x+$ ＿＿＿＿ $=-5$

$3x$ ＿＿＿＿ $=-7 \cdots\cdots ③$

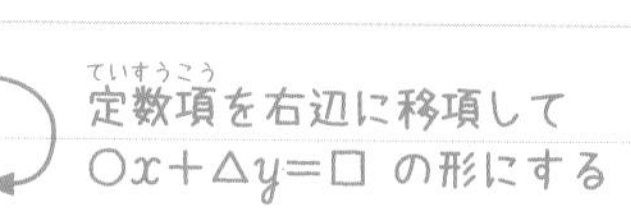

③と②を連立方程式として解く。

yを消去するために，③の両辺を＿＿倍，②の両辺を＿＿倍する。

③×3　　$9x-$ ＿＿ $y=$ ＿＿

②×4　+) $32x+\ 12y=-20$

＿＿ x $=$ ＿＿

$x=$ ＿＿

－12yと＋12yをたすと0になる

$x=$ ＿＿ を②に代入すると

$8\times$ ＿＿ $+3y=-5$

$3y=$ ＿＿

$y=$ ＿＿

解は，$x=$ ＿＿，$y=$ ＿＿

$A=B=C$の形の方程式の解き方

$A=B=C$ならば

$A=B$　　$B=C$　　$A=C$

計算しやすい組み合わせを選ぶ

$$\begin{cases} A=C \\ B=C \end{cases} \quad \begin{cases} A=B \\ A=C \end{cases} \quad \begin{cases} A=B \\ B=C \end{cases}$$

例 $4x+y=5x+2y=6$

A　　B　　C

$A=C$ と $B=C$ の組み合わせで連立方程式をつくると，

$$\begin{cases} 4x+y=6 & \cdots\cdots ① & A=C \\ 5x+2y=6 & \cdots\cdots ② & B=C \end{cases}$$

memo
$A=B$ の形を使うと，
$4x+y=5x+2y$
式を整理しないと
いけないので，
少しだけ面倒(めんどう)になる。

あとは解くだけ！

y を消去するために，①の両辺を ＿＿ 倍する。

①×2　　$8x+$ ＿＿ $y=12$

②　　$-)\ 5x+\ \ 2y=6$

＿＿ x ＝ ＿＿

$x=$ ＿＿

Point! なるべくかんたんな式を 2 回使おう！

$x=$ ＿＿ を①に代入すると

$4\times$ ＿＿ $+y=6$

$y=$ ＿＿

解は，$x=$ ＿＿，$y=$ ＿＿

確認問題

次の連立方程式を解きましょう。

(1) $\begin{cases} 5x-2(2x+y)=5 \\ 2x+3y=-4 \end{cases}$

(2) $3x+y=x-5y=16$

〔　　　　　　　　〕　〔　　　　　　　　〕

5 連立方程式の利用①

連立方程式の文章題の解法

手順　[1] わからない２つの数量を文字でおく。

[2] 等しい数量を見つけて，２つの方程式をつくる。

[3] 連立方程式を解き，解を求める。

[4] 解が問題に適しているかを確かめる。

個数と代金に関する問題

Point! (代金)＝(1 個の値段)×(個数)

例 鉛筆(えんぴつ) 3 本とボールペン 5 本の代金の合計は 810 円，
鉛筆 8 本とボールペン 4 本の代金の合計は 1040 円である。
鉛筆とボールペンの 1 本の値段をそれぞれ求める。

条件 1　(鉛筆 3 本の代金)＋(ボールペン 5 本の代金)＝810(円)

条件 2　(鉛筆 8 本の代金)＋(ボールペン 4 本の代金)＝1040(円)

鉛筆 1 本の値段を x 円，ボールペン 1 本の値段を y 円とすると

$$\begin{cases} \_\_\_\_ + \_\_\_\_ = 810 & \cdots\cdots① \\ \_\_\_\_ + \_\_\_\_ = 1040 & \cdots\cdots② \end{cases}$$

①←--- 条件 1 より
②←--- 条件 2 より

②の両辺を 4 でわって簡単にすると

$\_\_\_\_ + \_\_\_\_ = \_\_\_\_$ ……③

③を y＝～の形にして，①に代入しても OK！

①－③×5 より，$\_\_\_\_ = \_\_\_\_$

$x = \_\_\_\_$

$x = \_\_\_\_$ を③に代入すると，$2 \times \_\_\_\_ + y = 260$

$y = \_\_\_\_$

これらは問題に適している。

xとyが自然数の解かどうか，きちんとチェックしたことをアピール！

よって，鉛筆 1 本 ＿＿＿ 円，ボールペン 1 本 ＿＿＿ 円

注意 値段や個数，人数などは負の数や分数にならない。

個数と重さに関する問題

例 1 個 40g のゴルフボールと 1 個 140g の野球ボールが
あわせて 20 個あり，この重さをはかると合計 1600g だった。
ゴルフボールと野球ボールの個数をそれぞれ求める。

条件 1　(ゴルフボールの個数)＋(野球ボールの個数)＝20(個)

条件 2　(ゴルフボールの重さ)＋(野球ボールの重さ)＝1600(g)

ゴルフボールの個数を x 個，野球ボールの個数を y 個とすると

{ ＿＿＿＋＿＿＿＝20　　……①　←--- 条件 1 より
{ ＿＿＿＋＿＿＿＝1600……②　←--- 条件 2 より

何を x，y とするかを
はじめに書いてね！

②の両辺を 20 でわって簡単にすると

＿＿＿＋＿＿＿＝＿＿＿……③

①×7－③より，＿＿＿＝＿＿＿

x＝＿＿＿

x＝＿＿＿を①に代入すると，＿＿＿＋y＝20

y＝＿＿＿

これらは問題に適している。

よって，ゴルフボール＿＿＿個，野球ボール＿＿＿個

確認問題

A 動物園の大人の入園料は，子どもの入園料よりも 250円高いです。ある日の大人の入園者数は 340人，子どもの入園者数は 460人で，入園料の合計は 36万5千円でした。この動物園の大人 1 人と子ども 1 人の入園料をそれぞれ求めましょう。

大人〔　　　　　　〕　子ども〔　　　　　　〕

6 連立方程式の利用②

速さに関する問題

Point! $(時間)=\dfrac{(道のり)}{(速さ)}$ $(道のり)=(速さ)\times(時間)$ $(速さ)=\dfrac{(道のり)}{(時間)}$

例 Aさんは家から2400 m離(はな)れた図書館まで歩いて出かけた。
家からP地点までは分速50 mで，P地点から図書館までは分速80 mで歩いたところ，出発してから36分後に図書館に着いた。家からP地点，P地点から図書館までの道のりをそれぞれ求める。

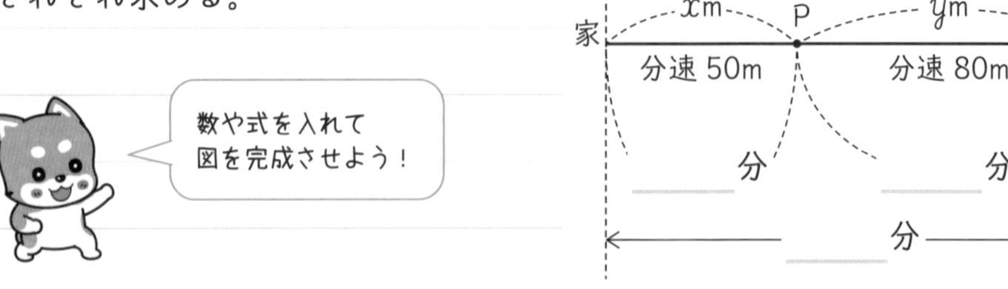

条件1　(家からP地点の道のり)＋(P地点から図書館の道のり)＝2400(m)

条件2　(家からP地点の時間)＋(P地点から図書館の時間)＝36(分)

家からP地点までの道のりをxm，P地点から図書館までの道のりをymとすると

$$\begin{cases} \_\_\_\_ + \_\_\_\_ = 2400 \cdots\cdots ① & \leftarrow 条件1より \\ \dfrac{x}{50} + \_\_\_\_ = 36 \cdots\cdots ② & \leftarrow 条件2より \end{cases}$$

②の両辺に400をかけて簡単にすると

$\_\_\_\_ + \_\_\_\_ = \_\_\_\_\_\_ \cdots\cdots ③$

①×5－③より，　$\_\_\_\_ = \_\_\_\_$

$x=\_\_\_\_$

$x=\_\_\_\_$ を①に代入すると，　$\_\_\_\_ + y = 2400$

$y=\_\_\_\_$

これらは問題に適している。

よって，家からP地点まで____m，P地点から図書館まで____m

2けたの自然数の問題

Point! 十の位の数を a，一の位の数を b とすると２けたの自然数は $10a+b$

例 ２けたの自然数がある。各位の数の和は 13 で，一の位の数と十の位の数を入れかえてできる数はもとの数よりも 27 小さくなる。

もとの自然数を求める。

条件１ （十の位の数）＋（一の位の数）＝13

条件２ （もとの数）－（入れかえた数）＝27

各位を入れかえてできる数は $10b+a$

十の位の数を a，一の位の数を b とすると

$$\begin{cases} \_\_\_ + \_\_\_ = 13 & \cdots\cdots① \\ (10a+b) - \_\_\_\_\_\_ = 27 & \cdots\cdots② \end{cases}$$

←--- 条件１より
←--- 条件２より

②のかっこをはずし，両辺を９でわって簡単にすると

$\_\_\_ - \_\_\_ = 3 \cdots\cdots③$

①＋③より，$\_\_\_ = \_\_\_$

$a = \_\_\_$

$a = \_\_\_$ を①に代入すると，$\_\_\_ + b = 13$

$b = \_\_\_$

これらは問題に適している。←--- $1 \leqq a \leqq 9$，$0 \leqq b \leqq 9$ の整数になっている

よって，もとの自然数は ＿＿＿

確認問題

Ｓさんは A 市から 190km 離れた B 市まで車で出かけました。P 地点までは時速 50km で，P 地点からは高速道路を使い時速 90km で走ったところ，２時間 28 分かかりました。A 市から P 地点，P 地点から B 市までの道のりをそれぞれ求めましょう。

A市からP地点までの道のり〔　　　　　　　〕

P 地点から B 市までの道のり〔　　　　　　　〕

1　1次関数の式

1次関数の式

y が x の関数で，y が x の1次式で表されるとき，

y は x の ____ であるという。

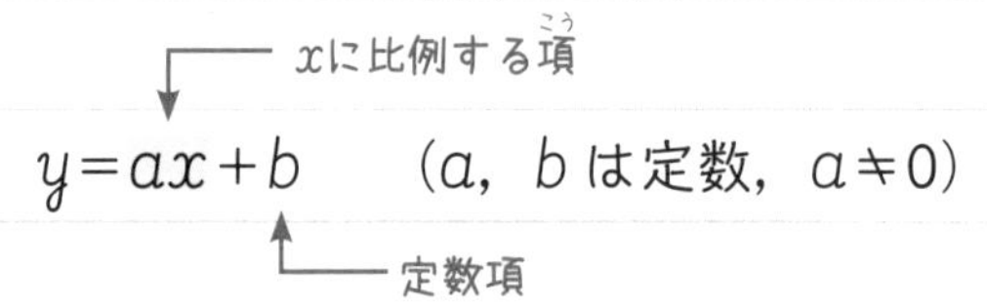

memo
$b=0$ のとき，$y=ax$
→比例は，1次関数の特別な場合である。

例

- $y=2x+4$
- $y=-3x+1$
- $y=-\frac{1}{2}x+\frac{3}{4}$
- $y=0.6x-0.3$　など

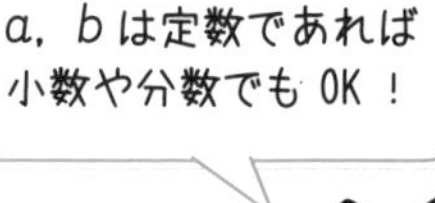

1次関数を決めるのは
わたしたちふたり

注意　1次関数とまちがえやすい関数に気をつけよう。

$y=\frac{2}{x}+1$　$y=-3x^2+2$ ←右辺が x の1次式になっていない

1次関数の x，y の値

1次関数 $y=2x-1$ について，x と y の値を表に表すと下のようになる。

x	…	-3	-2	-1	0	1	____	3	…
y	…	-7	____	-3	-1	1	3	5	…

$x=-2$ のときの y の値は，

$y=2\times$ ____ $-1=-5$

（$x=-2$ を代入）

$y=3$ のときの x の値は，

____ $=2x-1$

（$y=3$ を代入）

$x=$ ____

1次関数の例

例 1個30円のたまごをx個買い，50円の箱に入れたときの代金y円。

x(個)	0	1	2	3	…
y(円)	50	80	110	140	…

$x=0$のときのyの値は定数項bになる

代金y円をxの式で表すと，

$y=$ ＿＿ $x+$ ＿＿

例 100ページの本を1日に5ページずつ読んだときの，x日後の残りのページ数y。

x(日)	0	1	2	3	…
y(ページ)	100	95	90	85	…

残りのページ数yをxの式で表すと，

$y=100-$ ＿＿ x

$y=$ ＿＿＿＿

$y=ax+b$の順に項を入れかえる

Point! ある事象がどんな関数になっているかを調べるには，yをxの式で表すと，式の形からどんな関数かが判断できる。

確認問題

(1) 次のア～ウについて，yをxの式で表しましょう。また，yがxの1次関数であるものを記号で答えましょう。

ア　1辺の長さが$x$cmの立方体の体積$y$cm^3

イ　1本60円の鉛筆(えんぴつ)をx本買って，500円出したときのおつりy円

ウ　80kmの道のりを時速$x$kmで進んだときにかかる時間y時間

ア〔　　　〕　イ〔　　　〕　ウ〔　　　〕

1次関数〔　　　〕

(2) 1次関数$y=-4x+3$について，$x=2$のときのyの値を求めましょう。

〔　　　〕

 変化の割合

1次関数の増加と減少

1次関数 $y=ax+b$ において，

$a>0$ のとき　x の値(あたい)が増加するにつれて，y の値は ＿＿＿＿ する。

$a<0$ のとき　x の値が増加するにつれて，y の値は ＿＿＿＿ する。

例 $y=-3x+5$ において，x が増加するにつれて，y の値は ＿＿＿＿ する。

変化の割合

$$(\text{変化の割合})=\frac{(y\text{ の増加量})}{(x\text{ の増加量})}$$

1次関数 $y=ax+b$ の変化の割合は，＿＿＿＿ で ＿＿＿ に等しい。

例 $y=-3x+5$ について，

$x=1$ から $x=3$ まで変化した場合の変化の割合は，

$$\frac{(-3\times\underline{\qquad}+5)-(-3\times\underline{\qquad}+5)}{3-1}=-\frac{6}{2}=-3$$

$x=-3$ から $x=2$ まで変化した場合の変化の割合は，

$$\frac{(-3\times\underline{\qquad}+5)-\{-3\times\underline{\qquad\qquad}+5\}}{2-(-3)}=-\frac{15}{5}=-3$$

$y=-3x+5$

xの増加量：1，2，3

x	…	-3	-2	-1	0	1	2	3	…
y	…	14	11	8	5	2	-1	-4	…

yの増加量：-3，-6，-9

増加量と変化の割合

1次関数では，(変化の割合)$=a$ なので，$a=\dfrac{(y\text{の増加量})}{(x\text{の増加量})}$

よって，(y の増加量)＝ ＿＿ ×(x の増加量)

(x の増加量)$=\dfrac{(y\text{の増加量})}{\text{＿＿}}$

1次関数について，変化の割合 a は

x が1増加するときの y の増加量を表す。

例 1次関数 $y=-2x+1$ について

x の増加量が1のときの y の増加量 … ＿＿ ←------ a

x の増加量が3のときの y の増加量 … ＿＿ ←------ $a\times3$

y の増加量が-8のときの x の増加量 … ＿＿ 

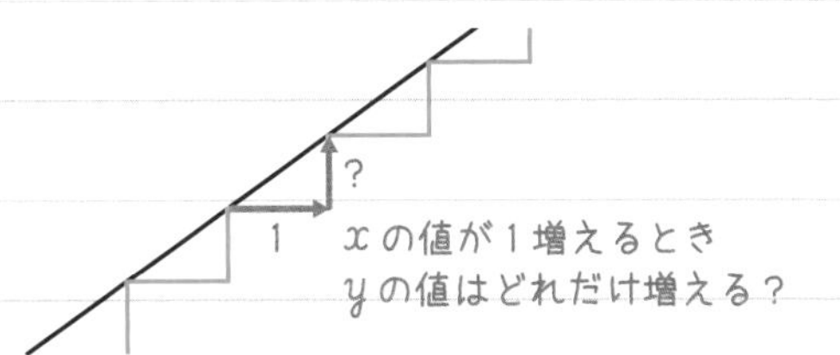

増加という言葉を使うので，
(－8増加すること)
＝(8減少すること)！

確認問題

1次関数 $y=3x-4$ について，次の変化の割合や増加量を求めましょう。

(1) 変化の割合

〔　　　　〕

(2) x の増加量が4のときの y の増加量

〔　　　　〕

(3) y の増加量が18のときの x の増加量

〔　　　　〕

3 1次関数のグラフ

1次関数のグラフ

1次関数 $y=ax+b$ のグラフは，直線 $y=ax$ のグラフを　（原点を通る直線）

y 軸(じく)の正の方向に＿＿＿だけ平行移動した直線である。

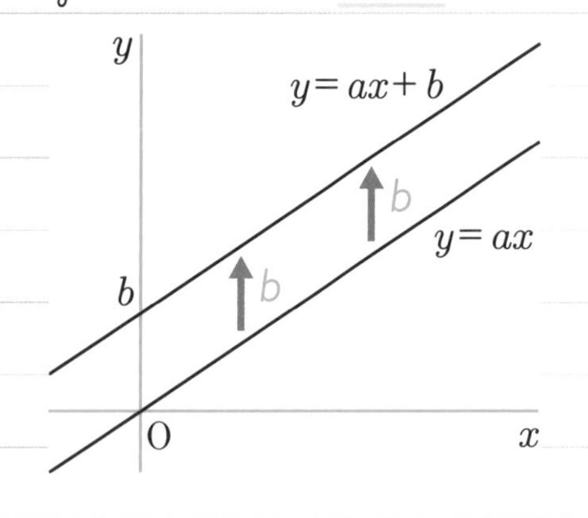

memo
比例 $y=ax$ は
1次関数 $y=ax+b$ の
特別な場合。

$y=ax+b$　　a：グラフの＿＿＿
　　　　　　b：＿＿＿（y 軸との交点の y 座標の値(あたい)）

● 1次関数のグラフのポイント

・y 軸上の点（0,＿＿＿）を通り，傾(かたむ)きが＿＿＿の直線。

・$a>0$ とき　グラフは＿＿＿　➡ x が増加すると y も増加する

・$a<0$ とき　グラフは＿＿＿　➡ x が増加すると y は減少する

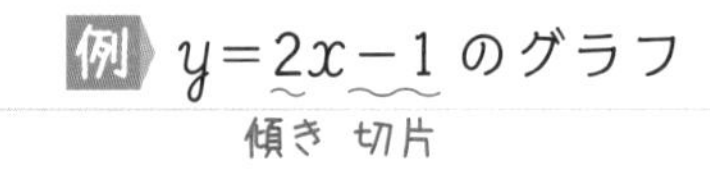

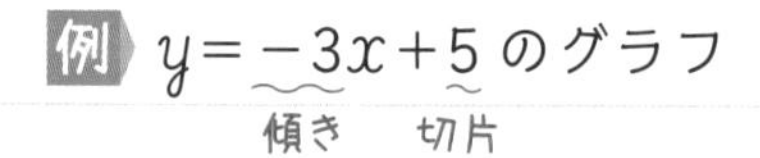

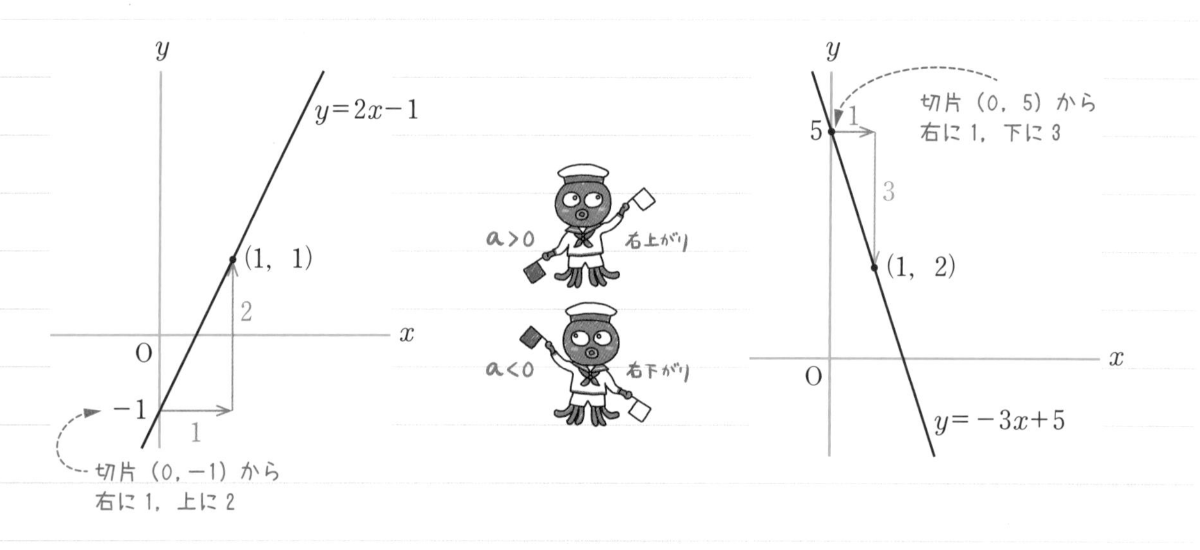

1 次関数のグラフのかき方

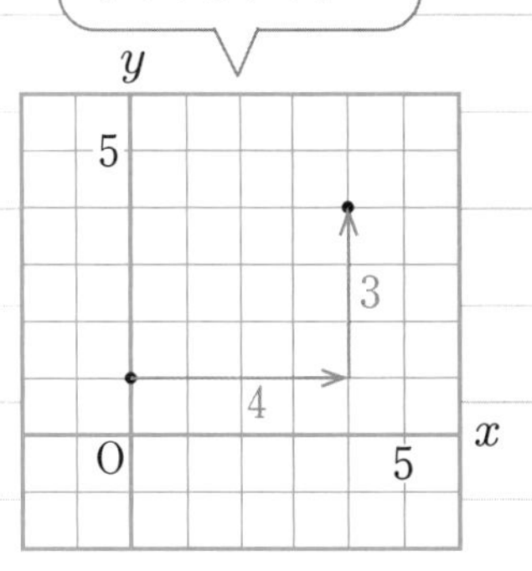

例 $y=\frac{3}{4}x+1$ のグラフ

1 次関数 $y=\frac{3}{4}x+1$ のグラフは，切片が ____ なので，y 軸上の点（0, ____）を通る。

傾きが ____ なので，x が 1 増えると y は ____ 増える。

すなわち，x が 4 増えると y は ____ 増えるから，

点（4, ____）を通る。これら 2 点を ____ で結ぶ。

(0, 1) から
右に 4，上に 3
分母の数　分子の数

1 次関数のグラフから式を求める方法

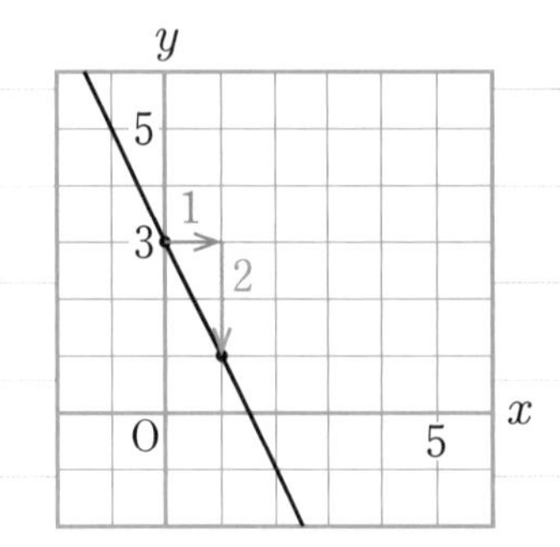

例 右の図の直線の式を求める。

グラフは y 軸上の点（0, ____）を通るので

切片は ____ である。また，x の増加量が 1 のとき，

y の増加量は ____ だから，傾きは ____ である。

よって，求める式は ____

memo

1次関数 $y=ax+b$ のことを直線の式ともいう。

確認問題

(1) 次の 1 次関数のグラフを右の図にかきましょう。

① $y=3x-1$　　② $y=-x+4$

(2) 右の図の③，④の直線の式を求めましょう。

③〔　　　　〕

④〔　　　　〕

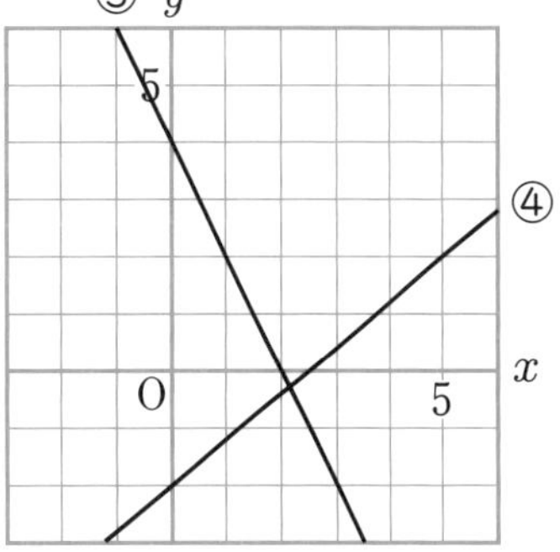

③ y
5
④
x
0
5

4　1次関数の式の決定

変化の割合と1組の x, y がわかっている場合

手順　[1] 変化の割合（傾き）を $y=ax+b$ の a に代入

[2] 通る点の座標 (x, y) を代入

[3] 式を b について解き，切片を求める

例　変化の割合が3で，$x=-1$ のとき $y=2$ である1次関数の式を求める。
（条件1：変化の割合が3で　条件2：$x=-1$ のとき $y=2$）

変化の割合が3であるから，

$y=$ ＿＿ $x+b$

と表すことができる。

$x=-1$ のとき $y=2$ であるから，

$x=-1$, $y=2$ をこの式に代入して

＿＿ $=$ ＿＿ $\times$ ＿＿ $+b$

$b=$ ＿＿

よって，$y=$ ＿＿

1次関数では，変化の割合はグラフの傾きと同じ！

$2=-3+b$
$-3+b=2$
$b=2+3$
$b=5$

b が左辺にくるように両辺を入れかえると計算しやすい！

2組の x, y がわかっている場合

●解法1

手順　[1] 変化の割合を求める

[2] 変化の割合（傾き）を $y=ax+b$ の a に代入

[3] 1組の x, y を代入

[4] 式を b について解き，切片を求める

例　$x=-2$ のとき $y=5$, $x=2$ のとき $y=-3$ である1次関数の式を求める。
（条件1：$x=-2$ のとき $y=5$　条件2：$x=2$ のとき $y=-3$）

変化の割合 $=\dfrac{\text{＿＿}-\text{＿＿}}{\text{＿＿}-\text{＿＿}}$

$=$ ＿＿

memo
$$(\text{変化の割合})=\frac{(y\text{ の増加量})}{(x\text{ の増加量})}$$

変化の割合が -2 であるから，$y=$ ＿＿ $x+b$ と表すことができる。

$x=-2$ のとき $y=5$ であるから，$x=-2$，$y=5$ をこの式に代入して

$\_\_\_ = \_\_\_ \times \_\_\_ + b$

$b=\_\_\_$

よって，$y=\_\_\_$

$x=2$，$y=-3$ を代入しても OK！
$-3=-2\times2+b$　$b=1$

●解法 2

手順　[1] $y=ax+b$ に 2 点の座標（x，y）を代入して連立方程式をつくる

[2] 連立方程式を解き，傾き a，切片 b を求める

例　$x=-3$ のとき $y=2$，$x=4$ のとき $y=9$ である 1 次関数の式を求める。

条件1　条件2

$y=ax+b$ に $x=-3$，$y=2$ を代入して　$\_\_\_ = \_\_\_ a+b$……①

$x=4$，$y=9$ を代入して　$\_\_\_ = \_\_\_ a+b$……②

①，②を連立方程式として解くと，

①－②より，

$\_\_\_ = \_\_\_ a$

$a=\_\_\_$

これを①に代入して

$\_\_\_ = \_\_\_ \times \_\_\_ + b$

$b=\_\_\_$

よって，$y=\_\_\_$

確認問題

(1)　変化の割合が-2で $x=4$ のとき $y=-2$ である 1 次関数の式を求めましょう。

〔　　　　　　〕

(2)　2 点（-3，-5），（2，15）を通る直線の式を求めましょう。

〔　　　　　　〕

5　1次関数と方程式

2元1次方程式とグラフ

方程式 $2x-y=5$ の解を座標とする点の集まりは，

1次関数 $y=2x-5$ のグラフと一致(いっち)して，＿＿＿＿になる。

この直線を，方程式 $2x-y=5$ のグラフ（または，直線 $2x-y=5$）という。

例 方程式 $2x-y=5$ の解

$(x,\ y)=(0,\ -5),\ (1,\ -3),\ \cdots$

を座標とする点は，すべて

直線 $y=2x-5$ 上にある。

memo
どんな関数のグラフも
・点をかいて
・直線や曲線で結ぶ
ことが基本。

Point! 2元1次方程式 $ax+by=c$ のグラフは直線となる。

● $ax+by=c$ のグラフのかき方(1)

式を y について解き，$y=○x+□$ の形に変形する。

例 $x+2y=4$ のグラフをかく。

方程式 $x+2y=4$ を y について解くと，

$2y=$＿＿＿$+4$

$y=$＿＿＿$x+$＿＿＿　（両辺を2でわる）

よって，グラフは傾き(かたむ)＿＿＿，

切片＿＿＿の直線となる。

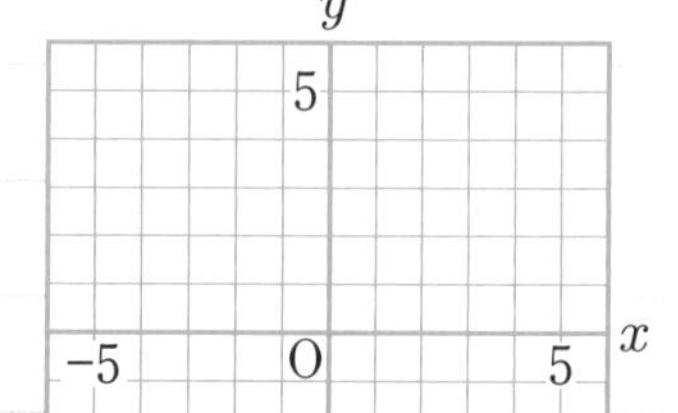

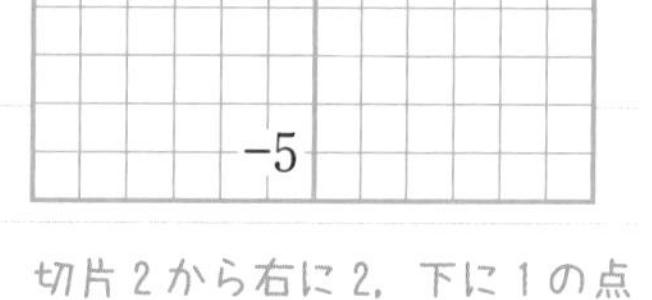

切片2から右に2，下に1の点(2，1)を通る直線

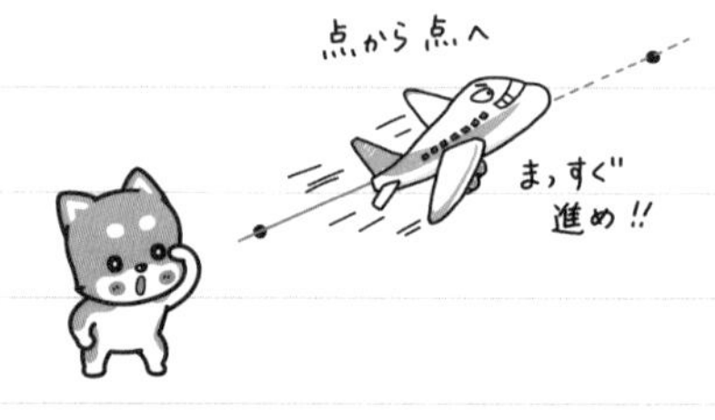

注意 かき方(1)では，切片が分数の場合に点をかくことが難しいので，そのときはかき方(2)でかこう。

● $ax+by=c$ のグラフのかき方(2)

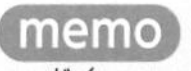

x軸，y軸（じく）との交点をそれぞれ求めてかく場合が多い。

グラフが通る２点の座標を求める。

x，y のどちらも整数となる点を見つけるとよい。

例 $3x-2y=6$ のグラフをかく。

x 軸，y 軸との交点をそれぞれ求めると，

$x=0$ のとき，$y=$ ＿＿

$y=0$ のとき，$x=$ ＿＿

よって，このグラフは

２点（＿＿，＿＿），（＿＿，＿＿）を

通る直線となる。

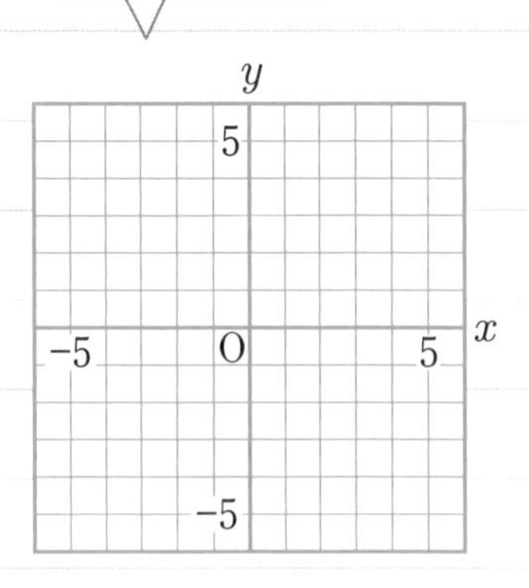

2点（0，−3）（2，0）を通る直線

●軸に平行な直線のグラフ

$x=k$（定数）･･･ ＿＿＿＿ に平行な直線。

$y=h$（定数）･･･ ＿＿＿＿ に平行な直線。

例 $x=4$，$y=-2$ のグラフは右のようになる。

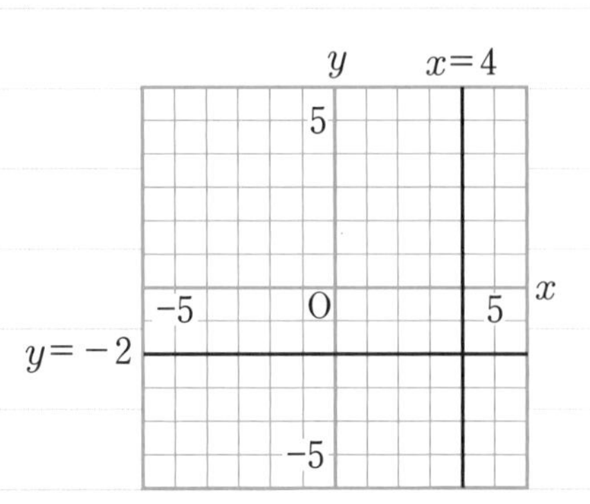

確認問題

次の方程式のグラフをかきましょう。

(1) $3x+4y=8$　(2) $5x-3y=15$

(3) $y=4$　(4) $x+5=0$

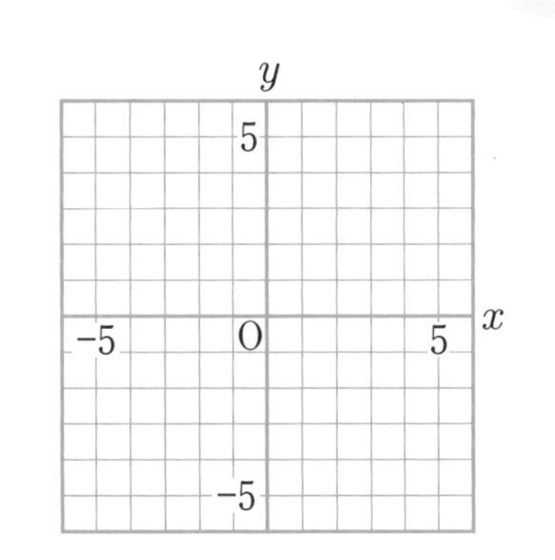

6 連立方程式とグラフ

連立方程式と1次関数のグラフ

x, y についての連立方程式の解は,

それぞれの方程式のグラフの交点の x 座標, y 座標の組で表される。

連立方程式

$$\begin{cases} ax+by=c & \cdots\cdots① \\ a'x+b'y=c' & \cdots\cdots② \end{cases}$$

の解　$x=△$, $y=□$

グラフ

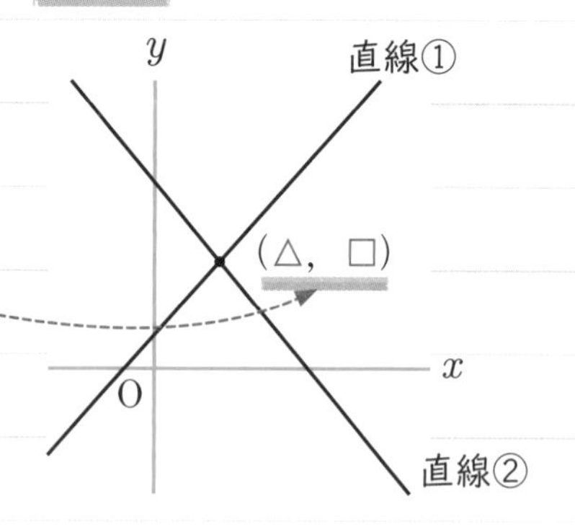

Point!　連立方程式の解↔2直線の交点

グラフから連立方程式の解を求める

例
$$\begin{cases} 2x-y=4 & \cdots\cdots① \\ 2x+3y=12 & \cdots\cdots② \end{cases}$$

①, ②を y について解く　（y=～の形に変形）

①　→　$y=$ ＿＿＿＿

②　→　$y=$ ＿＿＿＿

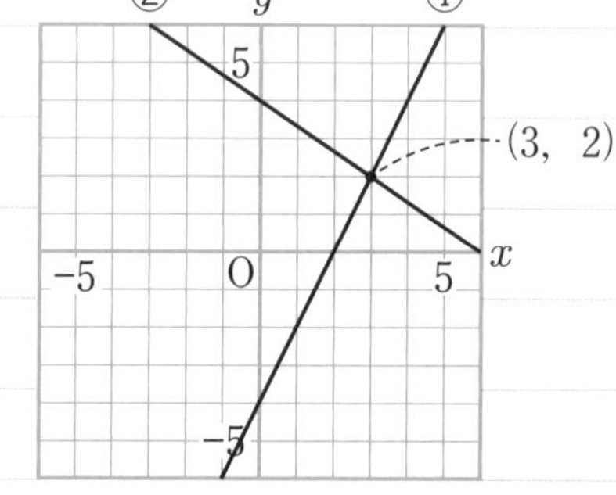

①, ②のグラフより,

交点の座標（＿＿, ＿＿）

グラフの交点の座標を読み取る

よって, 連立方程式の解は

$x=$ ＿＿, $y=$ ＿＿

注意　グラフから連立方程式の解を求めることができるのは, 解が x, y のどちらも整数のときのみ。

2直線の交点の座標を求める

手順 [1] グラフを読み取って2直線の式をそれぞれ求める。

[2] 2つの式を連立方程式として解く。

→連立方程式の解の x の値(あたい)…交点の x 座標

y の値…交点の y 座標

例 右のグラフの直線 ℓ, 直線 m の交点を求める。

グラフからは交点の座標が読み取れない…。

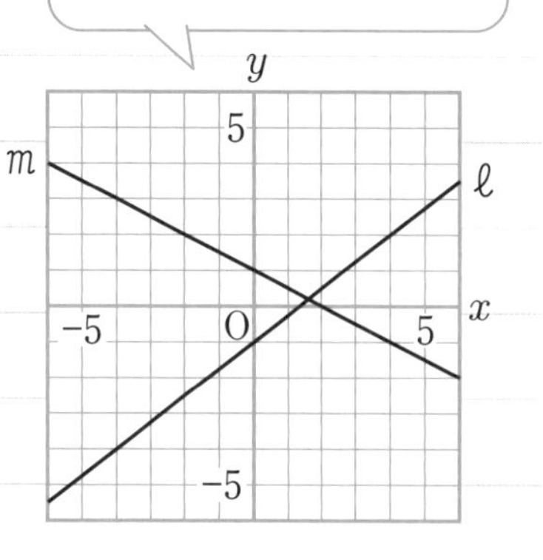

直線 ℓ の式 → $y=$ ……①

切片が−1で右に4，上へ3

直線 m の式 → $y=$ ……②

切片が1で右に2，下へ1

①，②を連立方程式として解く

=

①の右辺＝②の右辺

$x=$　, $y=$　　よって，交点の座標は（　,　）

Point! 2つの式が $y=$～の形の場合は，

代入法で右辺どうしを＝でつないで解くと簡単。

確認問題

右の2つの直線 ℓ, m の交点の座標を求めましょう。

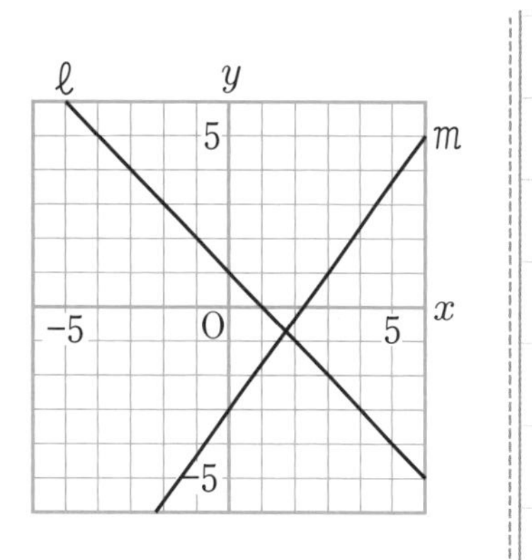

〔　　〕

7　1次関数の利用①

速さの問題とグラフ

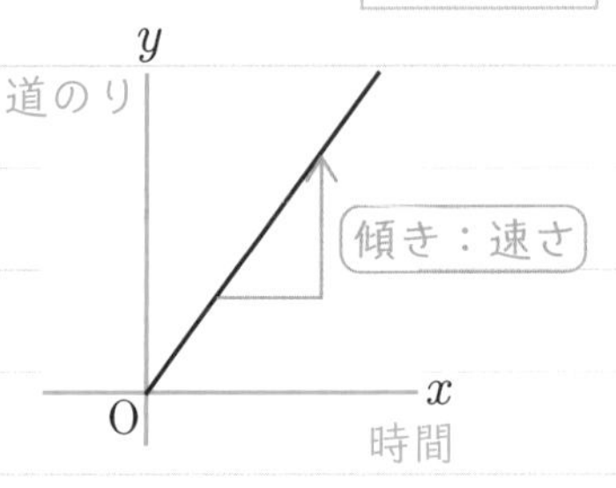

速さの問題では，進むようすをグラフにかいて考えるとよい。

横軸（x 軸）を＿＿＿＿，縦軸（y 軸）を＿＿＿＿とすると，グラフの傾きは＿＿＿＿を表す。

追いかける問題

例　Aさんは，10時に家を出発し，家から600 mのところにあるお店で10分間買い物をしたあと，家から1800 m離れた友だちの家に，一定の速さで歩いて向かいました。また，弟は10時20分に家を出発し，分速120 mで走ってAさんを追いかけました。そのときのAさんのようすを，Aさんが家を出発してからの時間を x 分，家からの道のりを y mとして，グラフに表しています。

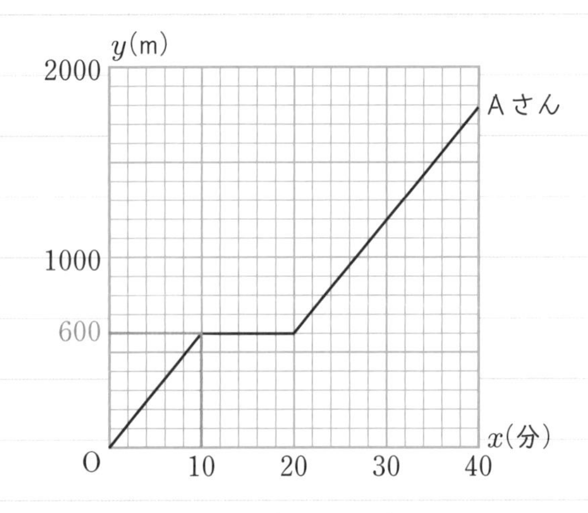

Aさんが歩く速さを考えよう！

グラフより，10分後のAさんが歩いた道のりは＿＿＿＿mなので，

速さは，＿＿＿＿÷10＝＿＿＿＿より分速＿＿＿＿m

弟がAさんに追いつく時間と位置を考えよう！

弟の進むようすをグラフにかこう。

弟の速さは分速120 mで，家を10時20分に出発しているので，2点（＿＿＿＿，0)，(30，＿＿＿＿）を通る直線をかく。

よって，10時＿＿＿＿分に，家から＿＿＿＿mのところで追いつく。

memo
Aさんのグラフと弟のグラフの交点
॥
弟がAさんに追いついた！

出会う問題

例 妹は駅を12時に出発して家に向かい，姉は12時5分に家を出発して駅に向かいました。2人の歩く速さは一定です。そのときのようすを，12時に妹が駅を出発してからの時間を x 分，家からの道のりを y mとして，グラフに表しています。

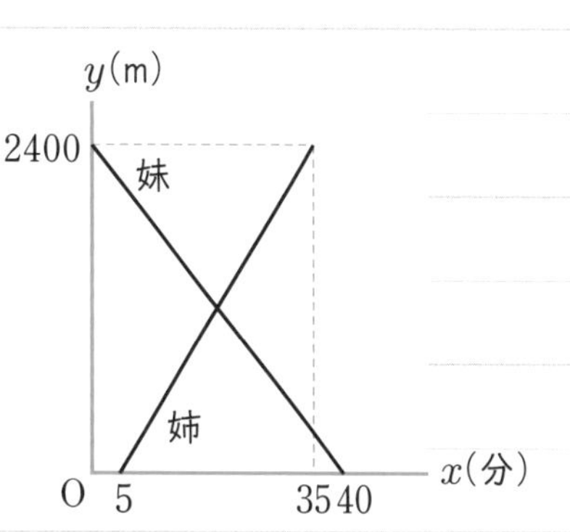

妹と姉のそれぞれについて，x と y の関係を表す式を考えよう！

グラフより，妹は2点（0, ＿＿＿），（＿＿＿，0）を通る。

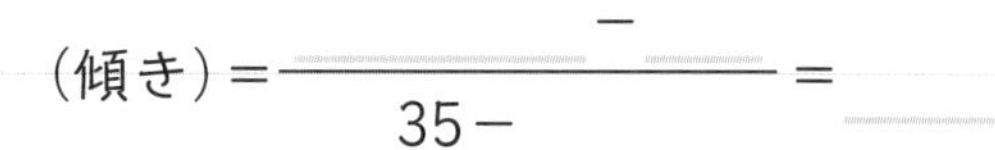

よって，式は，y ＝ ＿＿＿＿＿＿ ……①

姉は2点（＿＿，0）（35, ＿＿＿）を通る。

(傾き)＝ $\dfrac{\quad - \quad}{35-\quad}$ ＝ ＿＿

よって，y＝＿＿ $x+b$ と表せる。

これが（＿＿，0）を通るので，＿＿＝＿＿×＿＿$+b$

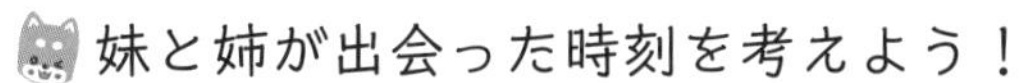

b＝＿＿＿＿ よって，式は，y＝＿＿＿＿＿＿ ……②

妹と姉が出会った時刻を考えよう！

①と②を連立方程式として解くと，x＝＿＿，y＝＿＿

よって，2人が出会う時刻は＿＿＿＿＿＿

確認問題

A社とB社の携帯(けいたい)電話の料金プランをグラフに表すと，右のようになります。通話時間を x 分，料金を y 円として，それぞれ y を x の式で表しましょう。

A社〔　　　　　　　　　　〕

B社〔　　　　　　　　　　〕

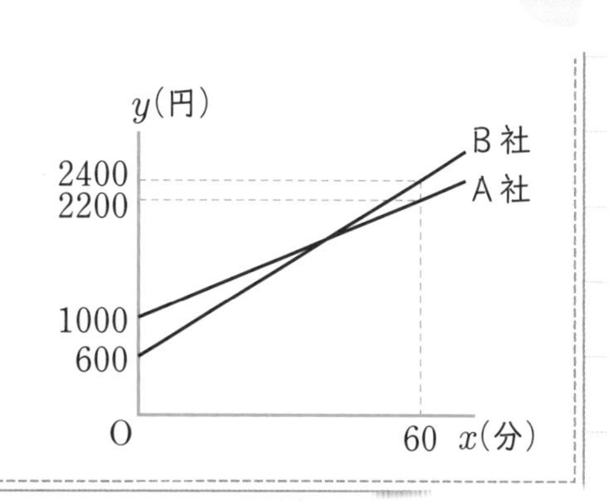

8　1次関数の利用②

長方形の周上を動く点の問題

Point! 図形の周上を動く点の問題は＿＿ごとに場合分けをして考える。

例 右の図の長方形ABCDで，点Pは点Aを出発して点B，Cを通って，点Dまで辺上を秒速1cmで動く。点Pが点Aを出発してからx秒後の△APDの面積を$y$cm²とする。

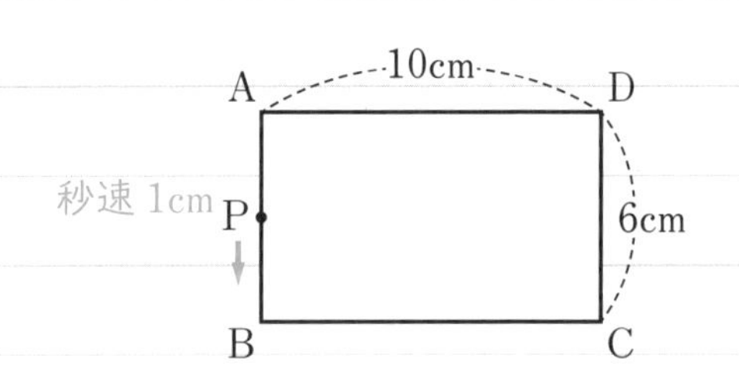

xとyの関係を辺ごとに場合分けをして考えよう！

[i] 点Pが辺AB上にあるとき　（xがとる値の範囲）

……xの変域は，＿＿$\leqq x \leqq$＿＿　（Bに着くのは6秒後）

APの長さは＿＿cmなので，

△APDの面積 $y=\frac{1}{2}\times$＿＿$\times$＿＿

$=$＿＿

[ii] 点Pが辺BC上にあるとき　（BC上を動くのに10秒かかる！）

……xの変域は，＿＿$\leqq x \leqq$＿＿

△APDの辺ADを底辺とすると高さは＿＿cmで一定なので，

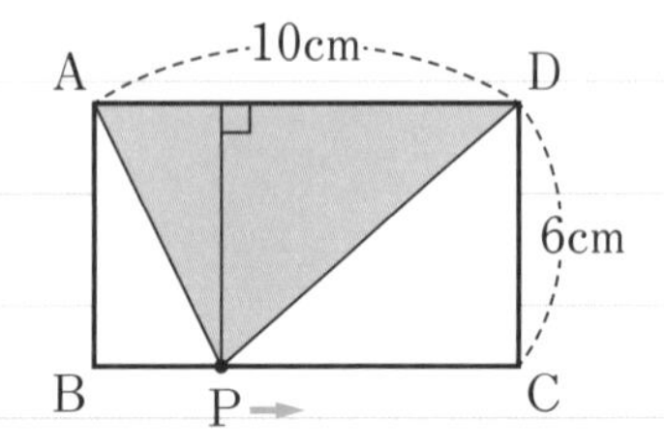

△APDの面積 $y=\frac{1}{2}\times$＿＿$\times$＿＿

$=$＿＿　（高さが一定なので面積も一定）

[iii] 点Pが辺CD上にあるとき　（CD上を動くのに6秒かかる！）

……xの変域は，＿＿$\leqq x \leqq$＿＿

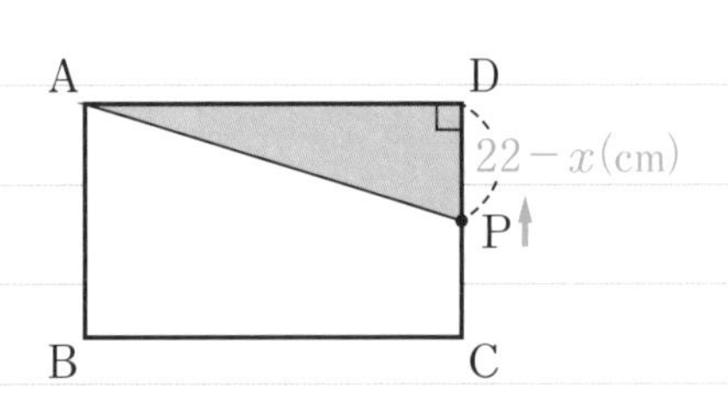

DPの長さは（　　　　　）cmなので，

△APDの面積 $y=\frac{1}{2}\times$ ＿＿＿ $\times$ ＿＿＿

$=$ ＿＿＿

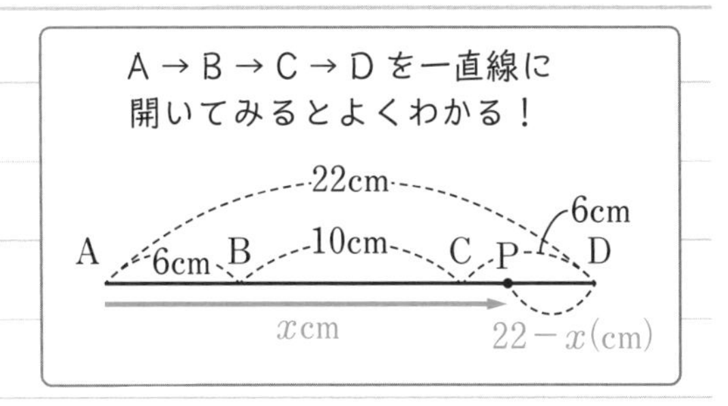

xとyの関係をグラフに表そう！

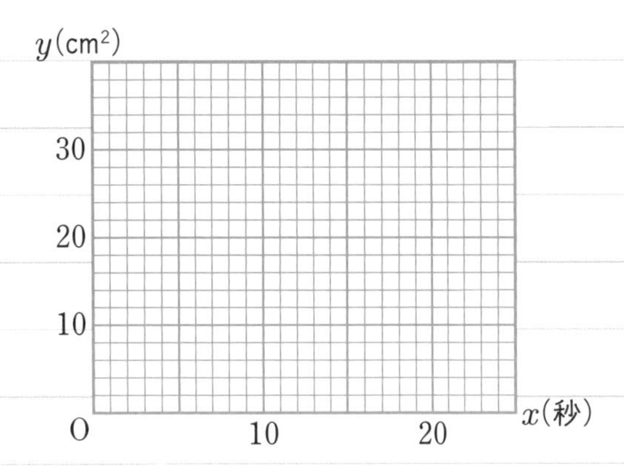

確認問題

右の図の長方形ABCDで，点Pは点Bを出発して点C，Dを通って，点Aまで辺上を秒速2cmで動く。点Pが点Bを出発してからx秒後の△ABPの面積を$y$cm^{2}とします。点Pが辺DA上にある場合について，xの変域と，xとyの関係を式に表し，グラフを完成させましょう。

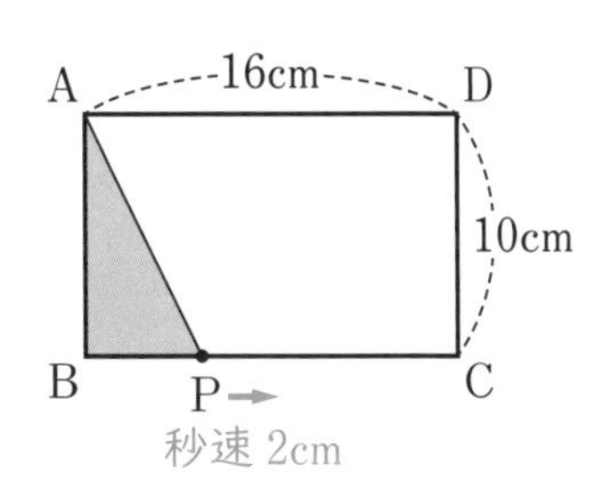

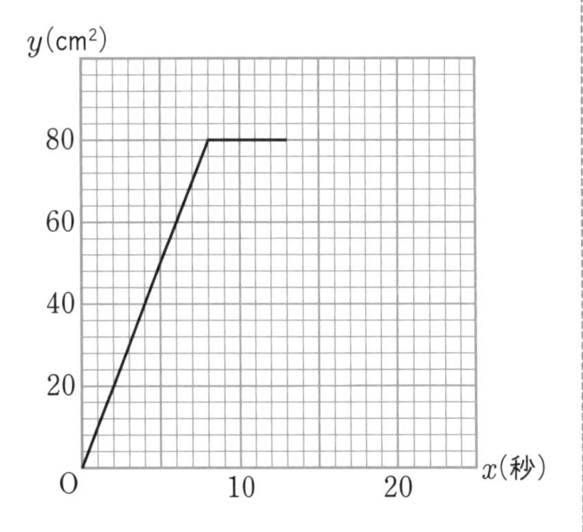

式〔　　　　　　　　　　　〕

変域〔　　　　　　　　　　〕

平行線と角

対頂角

＿＿＿＿……2直線が交わってできる4つの角のうち，向かい合っている2つの角。

右の図で，対頂角は∠aと＿＿，∠bと＿＿

対頂角は＿＿＿＿。

→∠a=＿＿，∠b=＿＿

2直線がどのように交わっても対頂角は等しい！

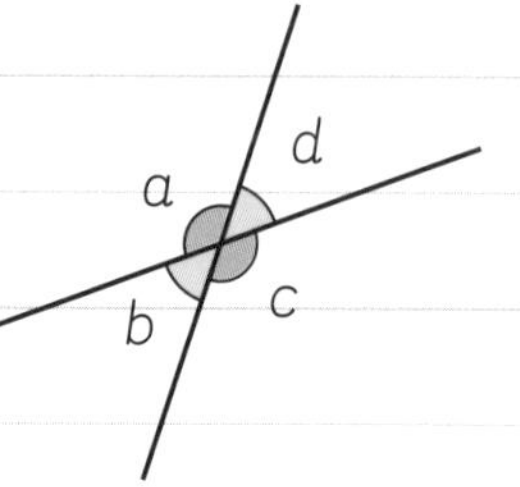

例

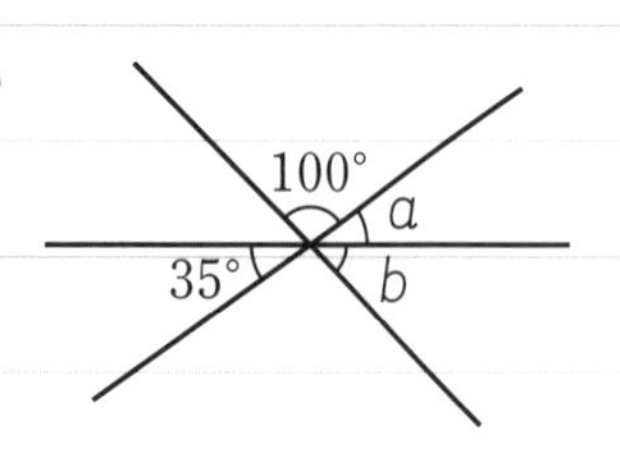

左の図で，

∠a=＿＿　（35° の角の対頂角）

∠b+＿＿+＿＿=180°

∠b=＿＿　（∠a）

memo
1直線の角は180°

同位角，錯角

2直線ℓ，mに直線nが交わってできる8つの角のうち，

◎＿＿＿＿…∠aと∠e，∠bと∠f，

∠cと＿＿，∠dと＿＿

◎錯角 ………∠bと∠h，∠cと＿＿

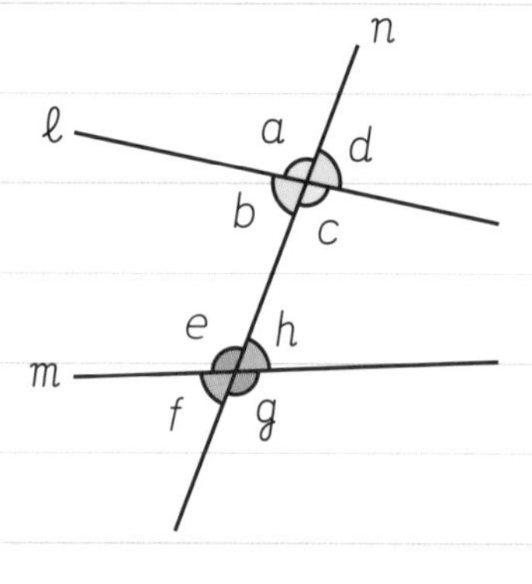

2直線が＿＿＿＿ならば，同位角，錯角は等しい。

例

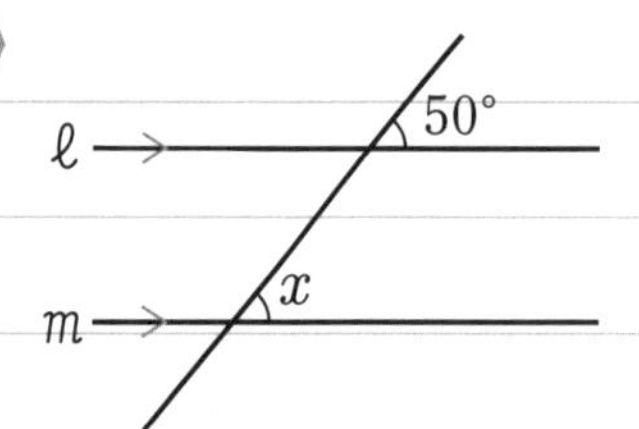

左の図で，$\ell /\!/ m$である。

平行線の＿＿＿＿は

等しいので，

∠x=＿＿

同位角はスライドするイメージ

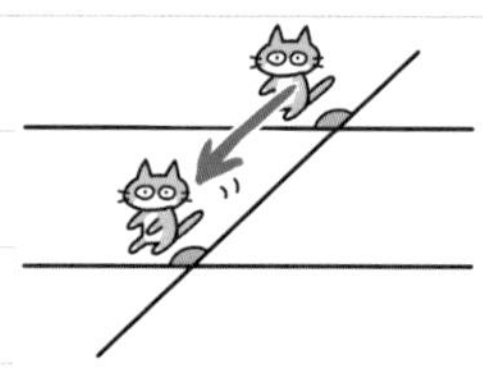

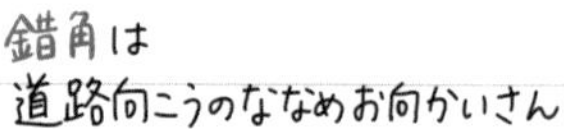

左の図で，$\ell /\!/ m$である。

平行線の＿＿＿＿は

等しいので，

∠y=＿＿

錯角は
道路向こうのななめお向かいさん

同位角または錯角が等しいならば，2 直線は ＿＿＿＿。

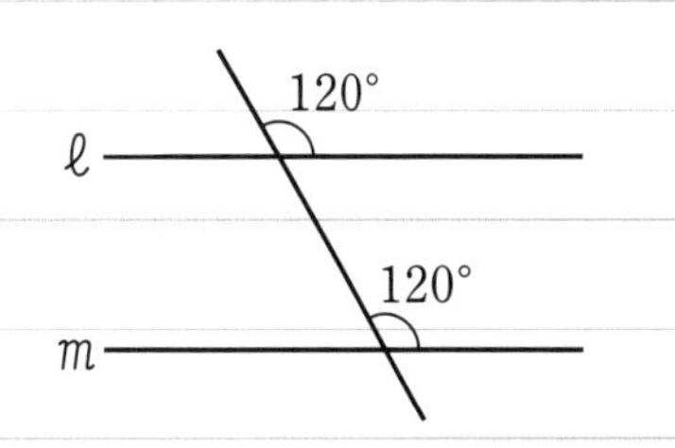

例 右の図で，同位角が 120° で等しいから，

直線 ℓ と直線 m は ＿＿＿＿ である。

2 直線は平行	ならば → ← ならば	同位角は等しい 錯角は等しい

●補助線をひいて角度を求める問題

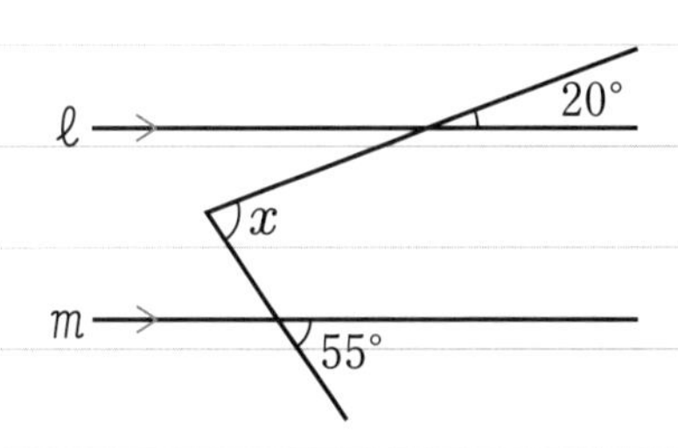

例 右の図で $\ell /\!/ m$ のとき，$\angle x$ の大きさを求める。

ℓ，m に平行で $\angle x$ の頂点を通る補助線をひくと，

平行線の同位角は等しいので

$\angle x =$ ＿＿＿＿ $+$ ＿＿＿＿ $=$ ＿＿＿＿

Point! 対頂角，平行線の同位角，錯角が等しいことを利用して，

わかる角の大きさを図にどんどん書きこんでいこう！

確認問題

次の図で $\ell /\!/ m /\!/ n$ のとき，$\angle x$，$\angle y$，$\angle z$ の大きさを求めましょう。

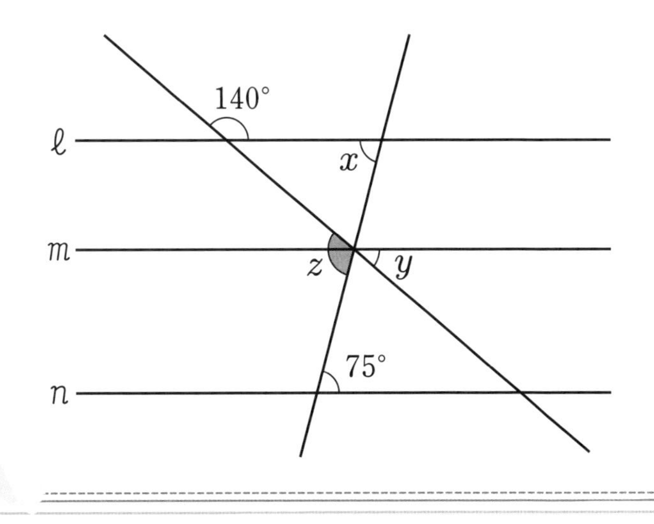

$\angle x =$〔　　　　〕

$\angle y =$〔　　　　〕

$\angle z =$〔　　　　〕

2 多角形の角

多角形の内角と外角

多角形の内側の角を内角という。

多角形の1つの辺ととなり合う辺の延長がつくる角を外角という。

注意　右の図で∠FCEは外角ではない!

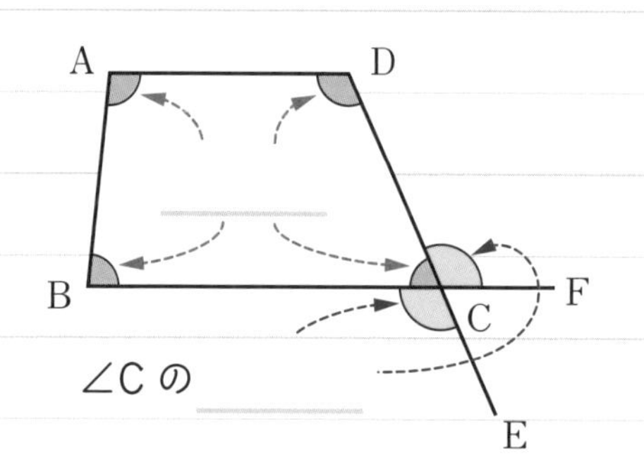

●鋭角(えいかく)と鈍角(どんかく)

＿＿……0°より大きく，90°より小さい角

＿＿……90°より大きく，180°より小さい角

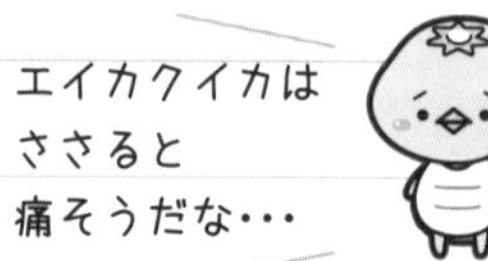

●三角形の内角と外角

三角形の内角と外角の性質

[1] 三角形の3つの内角の和は＿＿

[2] 三角形の1つの＿＿はそれととなり合わない＿＿に等しい。

[1] $\angle a+\angle b+\angle c=180°$

[2] $\angle x=\angle a+\angle b$

例 三角形の内角，外角の大きさを求める。

三角形の内角の和は…?

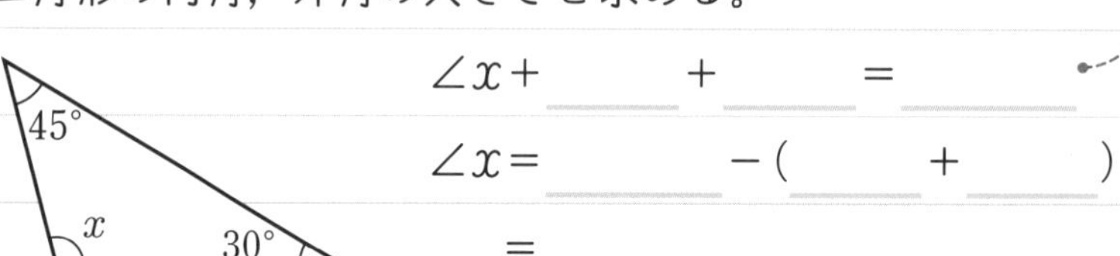

$\angle x+$ ＿＿ $+$ ＿＿ $=$ ＿＿

$\angle x=$ ＿＿ $-($ ＿＿ $+$ ＿＿ $)$

$=$ ＿＿

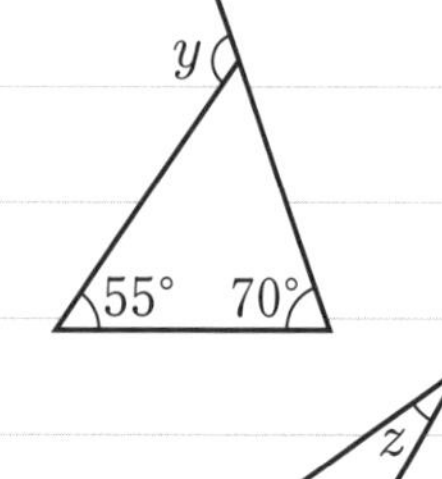

$\angle y=$ ＿＿ $+$ ＿＿ $=$ ＿＿

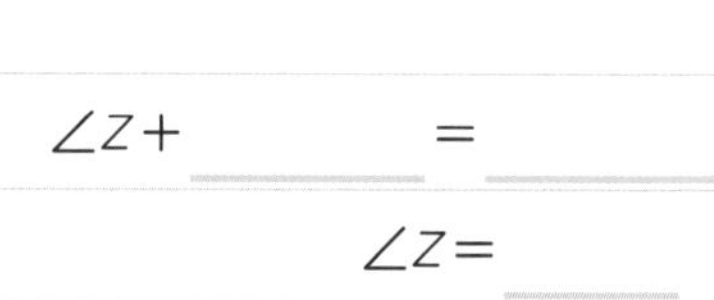

$\angle z+$ ＿＿ $=$ ＿＿

$\angle z=$ ＿＿

多角形の内角の和と外角の和

n 角形の内角の和……180°× ______

n 角形の外角の和…… ______

1つの頂点から対角線をひく

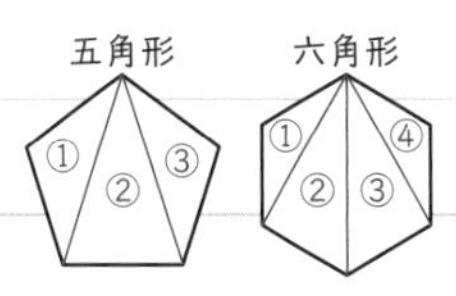

n 角形の中には三角形が $(n-2)$ 個できる！

例 八角形の内角の和…………180°× ______ ＝ ______

180°×$(n-2)$ の $n=8$ のとき

正八角形の１つの内角…… ______ ÷ ______ ＝ ______

6でわらないように注意

正八角形の１つの外角…… ______ ÷8＝ ______

多角形の外角の和は･･･？

Point! 多角形の内角について，公式を忘れたら，多角形の１つの頂点から対角線をひいて三角形に分けて考えてみよう！

確認問題

(1) 次の三角形について，$\angle x$ の大きさを求めましょう。

①

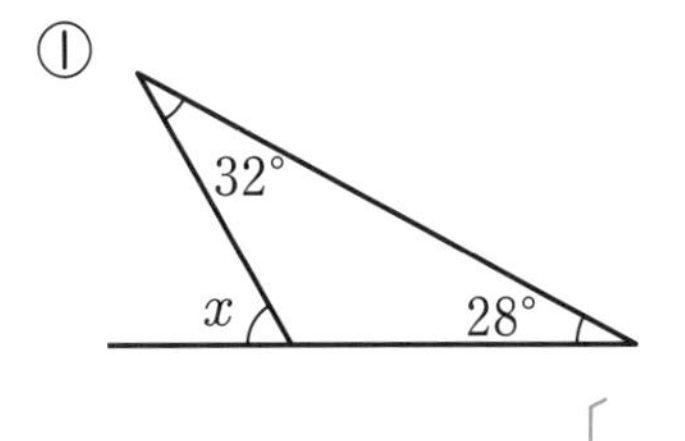

〔　　　　〕

②

99°
x
131°

〔　　　　〕

(2) 六角形の内角の和を求めましょう。

〔　　　　〕

(3) 次の多角形について，$\angle x$ の大きさを求めましょう。

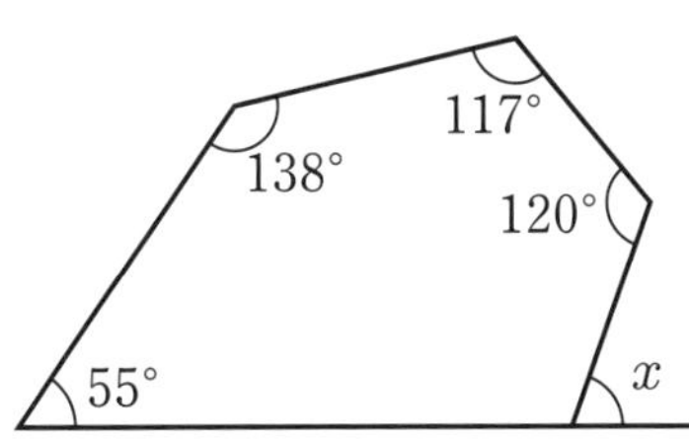

〔　　　　〕

3 三角形の合同

合同な図形の性質

2つの合同な図形はその一方を移動して，他方にぴったり重ねることができる。

このとき，重なり合う頂点，辺，角を，それぞれ＿＿＿＿，＿＿＿＿，＿＿＿＿という。「対応する～」という表現を覚えておこう！

右の四角形ABCDと四角形EFGHが合同であるとき，四角形ABCD＿＿四角形EFGH と表す。
合同の記号
対応する頂点を周にそって順番に書く

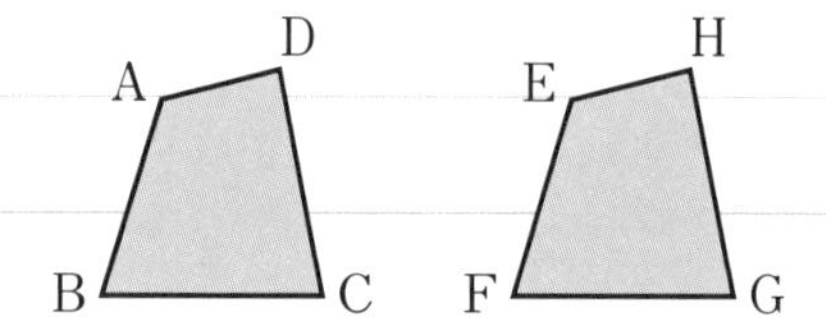

四角形ABCD＝四角形EFGH とすると
合同ではなく，面積が等しいことになるよ！

合同な図形の性質

◎合同な図形では，対応する線分の長さはそれぞれ等しい。

◎合同な図形では，対応する角の大きさはそれぞれ等しい。

辺ADの長さを答えよう！

➡辺ADは辺＿＿に対応しているから＿＿＿＿

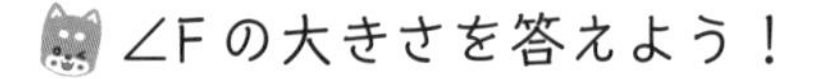

➡∠Fは∠＿＿に対応しているから＿＿＿＿

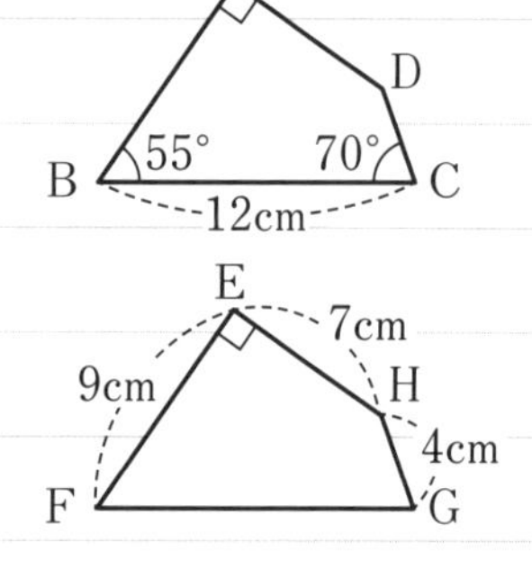

三角形の合同条件

2つの三角形は，次のどれかが成り立つとき合同。

[1] ＿＿＿＿がそれぞれ等しい。

AB＝A′B′，BC＝B′C′，CA＝C′A′

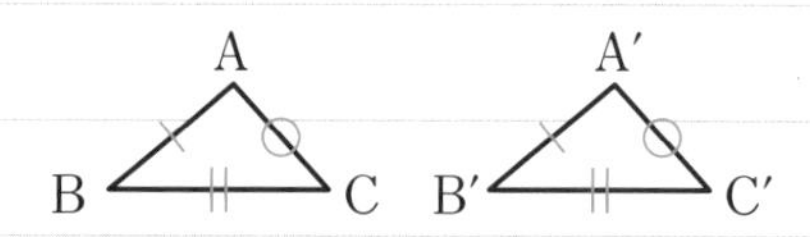

[2] ＿＿＿＿＿＿＿＿がそれぞれ等しい。

AB＝A′B′，BC＝B′C′，∠B＝∠B′

[3] ＿＿＿＿＿＿＿＿がそれぞれ等しい。

BC＝B′C′，∠B＝∠B′，∠C＝∠C′

例 次の合同な三角形について記号を使って表し，合同条件を答える。

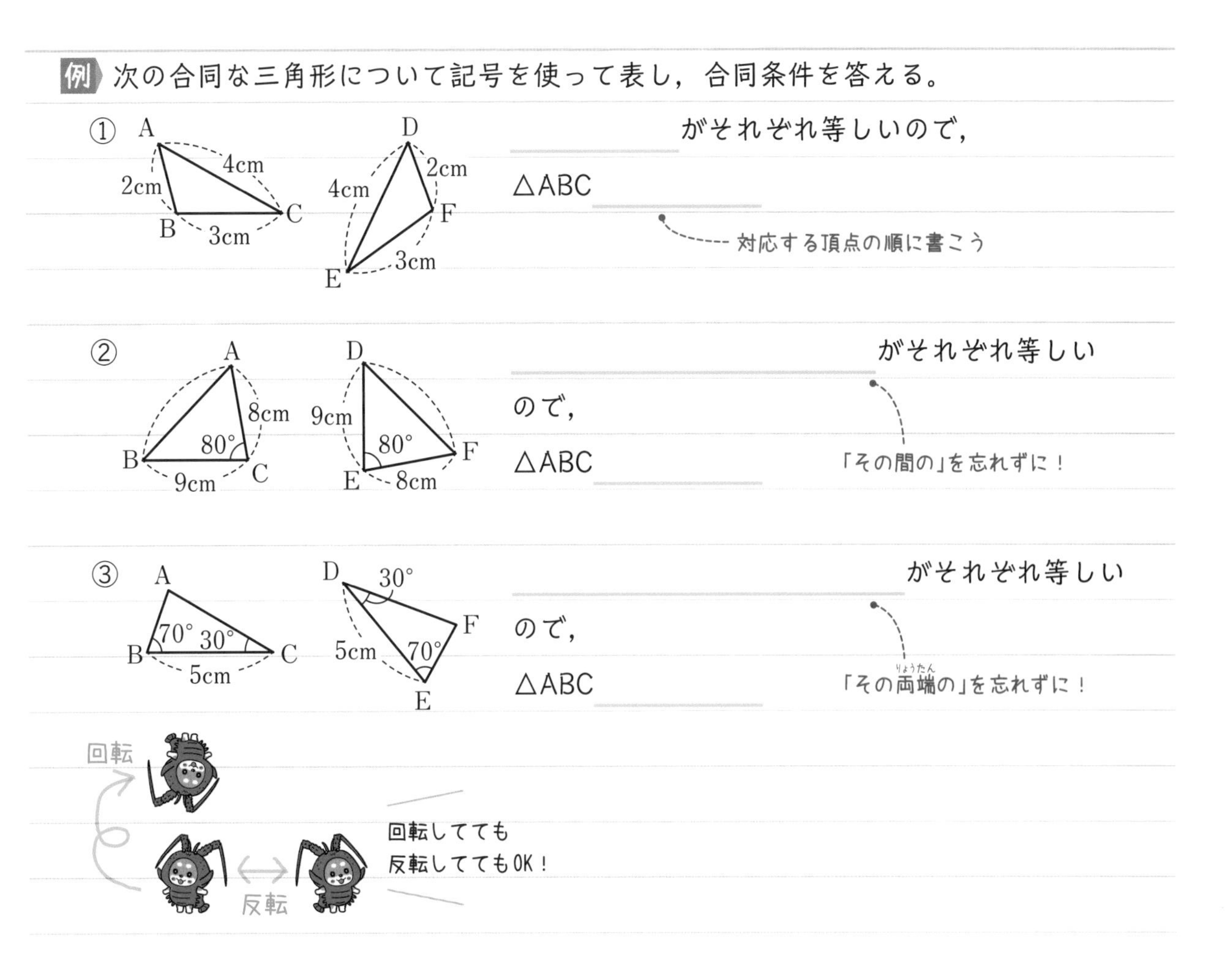

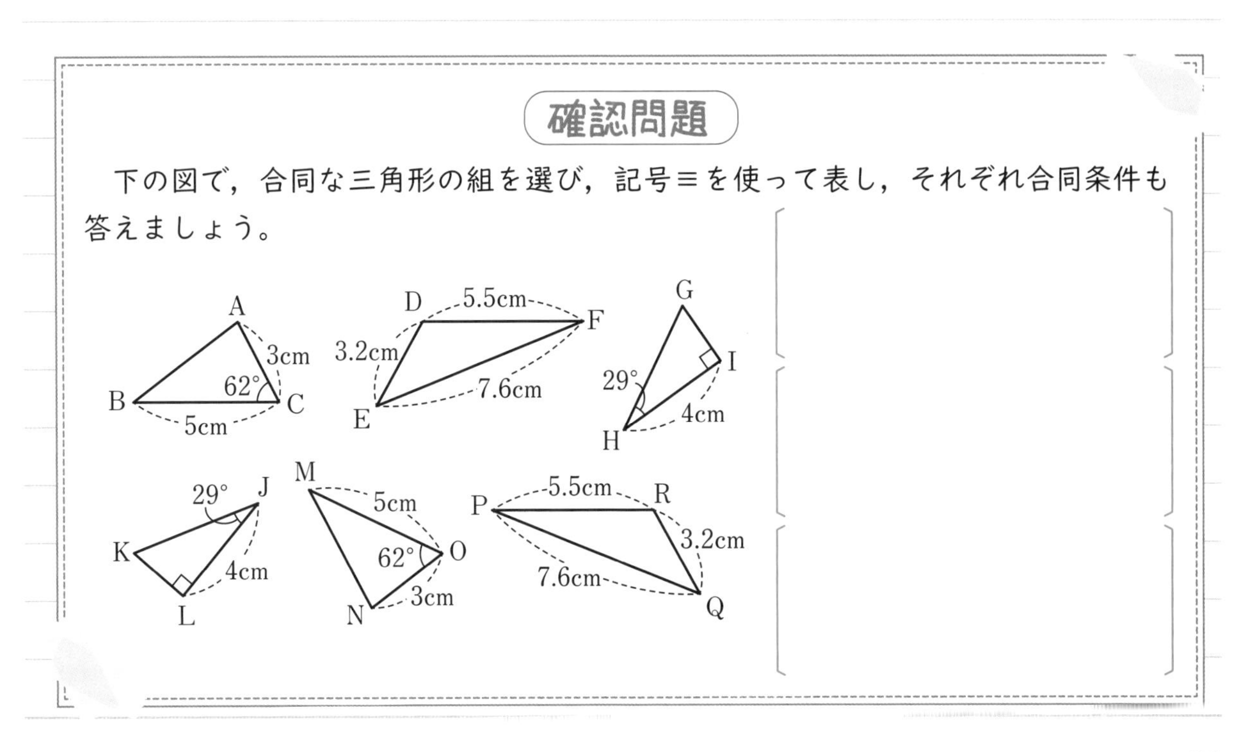

4 証明

仮定と結論

「〈A〉ならば〈B〉である。」のような形で表されることがらで，

〈A〉の部分を＿＿＿＿，〈B〉の部分を＿＿＿＿という。

問題に与(あた)えられている前提条件

仮定から根拠(こんきょ)を示して導かれること

仮定 ならば 結論

例「△ABC≡△DEF ならば，∠B＝∠E である。」

仮定＿＿＿＿＿＿＿＿　　結論＿＿＿＿＿＿

例「各位の数の和が3の倍数である自然数は，3の倍数である。」

仮定＿＿＿＿＿＿＿＿＿＿＿＿＿＿＿＿

結論＿＿＿＿＿＿＿＿

証明の進め方

あることがらが正しいことを示すために，

正しいことがすでに認められたことがらを根拠にして，

すじ道をたてて説明していくことを証明という。

証明では，＿＿＿＿から＿＿＿＿を導く。

証明の進め方のポイント

- 仮定と結論をはっきりさせる。（何を証明したいのか？）
- 結論を述べるためには何を示せばよいかを考える。（根拠は何か？）
- 根拠を明らかにしながら，結論を導く。

注意 結論を根拠としてしまうミス多発中

象（仮定）ならば 鼻が長い（結論）　　トマト（仮定）ならば 赤い（結論）

例 右の図において，AB∥CD，BO＝DO ならば，

△AOB≡△COD であることを証明する。

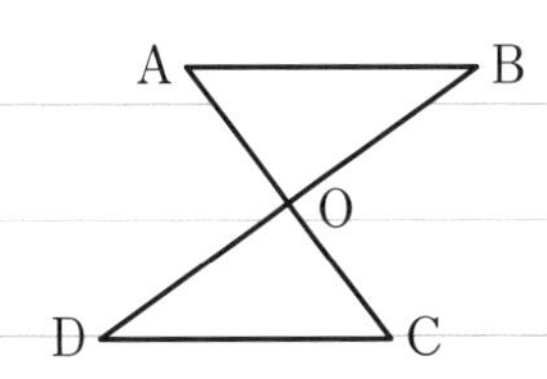

①問題文からわかることがら（仮定）を図に示すと…

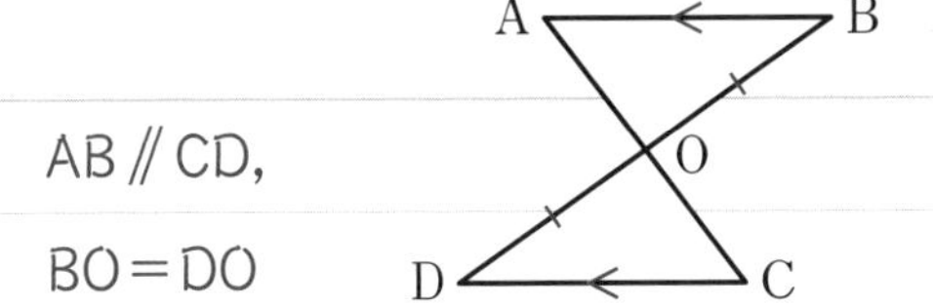

AB∥CD，

BO＝DO

②さらに，仮定から導かれることがらを図に示すと…

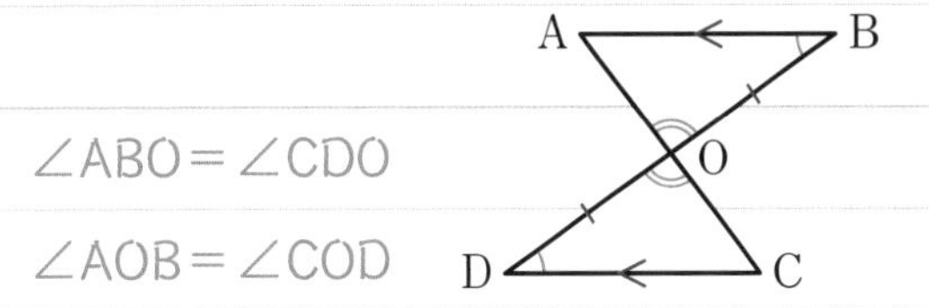

∠ABO＝∠CDO

∠AOB＝∠COD

〔証明〕△AOB と△COD において

仮定より，＿＿＿＿＿＿　……①

平行線の錯角（さっかく）は等しいから，∠ABO＝∠＿＿＿＿　……②

対頂角は等しいから，∠AOB＝∠＿＿＿＿　……③

①，②，③より，1 組の辺とその両端（りょうたん）の角がそれぞれ等しいから，

＿＿＿＿＿＿＿＿ ←---- 結論

（1 組の辺とその両端の角がそれぞれ等しい ←---- 三角形の合同条件）

Point! 平行線がある場合は，錯角や同位角が等しい。

対頂角や共通している角や辺にも目をつけよう！

確認問題

図において，AB＝DC，∠ABC＝∠DCB ならば，AC＝DB であることを次のように証明しました。下線部にあてはまることばや記号を入れて，証明を完成させましょう。

A　D　B　C

〔証明〕△ABC と△DCB において

仮定より，　AB＝＿＿＿＿　……①

∠ABC＝∠＿＿＿＿　……②

2 つの三角形に共通な辺だから ＿＿＿＿＝＿＿＿＿　……③

①，②，③より，＿＿＿＿＿＿＿＿＿＿＿＿＿＿＿＿ から，

△ABC≡△DCB

合同な図形では＿＿＿＿＿＿＿＿＿＿＿＿＿＿ので，＿＿＿＿＝＿＿＿＿

1 三角形

二等辺三角形の定義と定理

定義　＿＿＿＿が等しい三角形を
二等辺三角形という。

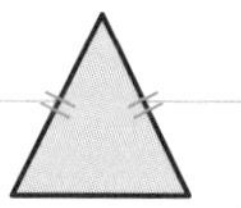

memo
定義　用語や記号の意味をはっきり述べたもの。
定理　証明されたことがらのうち，よく使われるもの。

等しい辺の間の角 ･･･ 頂角
頂角に対する辺　 ･･･ 底辺
底辺の両端(りょうたん)の角 ･･･ 底角

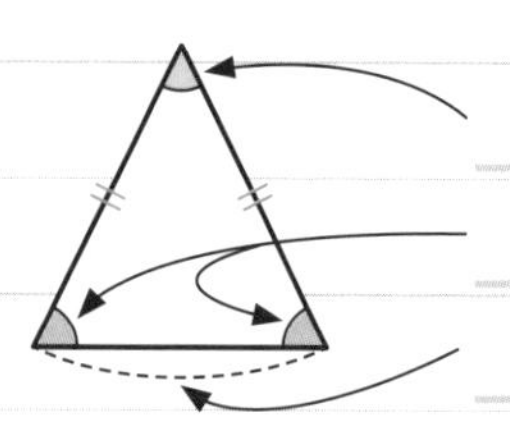

定理　二等辺三角形の性質

［1］二等辺三角形の２つの底角は等しい。
（右の図で，AB＝AC ならば∠B＝∠＿＿）

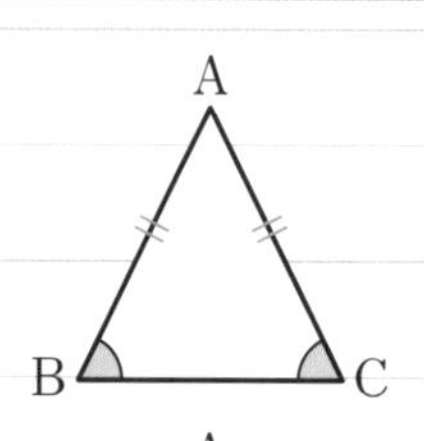

［2］二等辺三角形の頂角の二等分線は，
底辺を垂直に２等分する。
（右の図で，AB＝AC，∠BAD＝∠CAD ならば
AD⊥＿＿，BD＝＿＿）

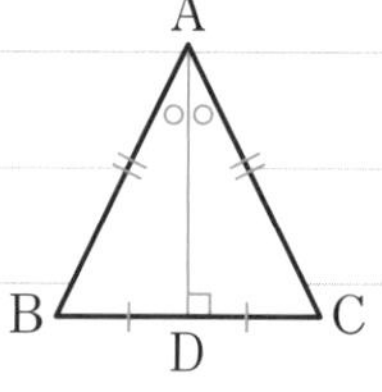

正三角形の定義と定理

定義　＿＿＿＿が等しい三角形を
正三角形という。

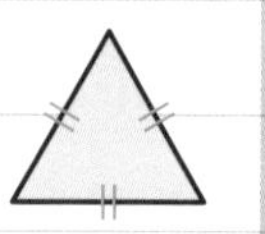

定理　正三角形の性質

正三角形の３つの＿＿＿＿はすべて
等しい（60°）。
（右の図で，AB＝BC＝CA ならば，
∠A＝∠B＝∠C）

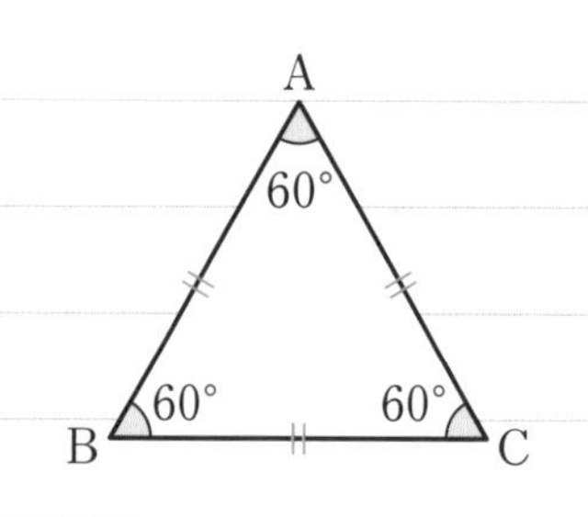

特別な三角形の角

例 $\angle x$ の大きさをそれぞれ求める。

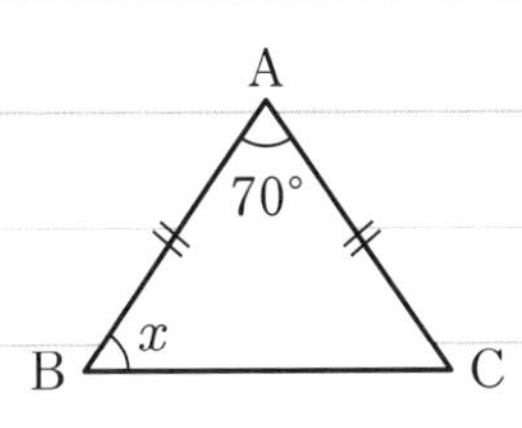

△ABC は AB＝______ の二等辺三角形だから，

∠B＝∠______

$\angle x$＝(180° − ______)÷2

　＝______

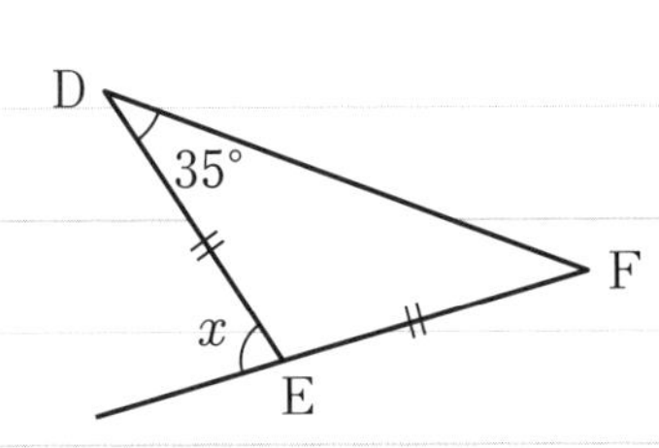

△DEF は ED＝______ の二等辺三角形だから，

∠F＝∠______ ＝______

三角形の外角はそれととなり合わない

2 つの内角の和に等しいので，

$\angle x$＝______ ＋ ______ ＝______

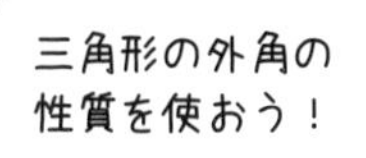

Point! 二等辺三角形の底角が等しいことや，三角形の内角の和が 180° であること，今まで学習した図形の性質から考えよう。

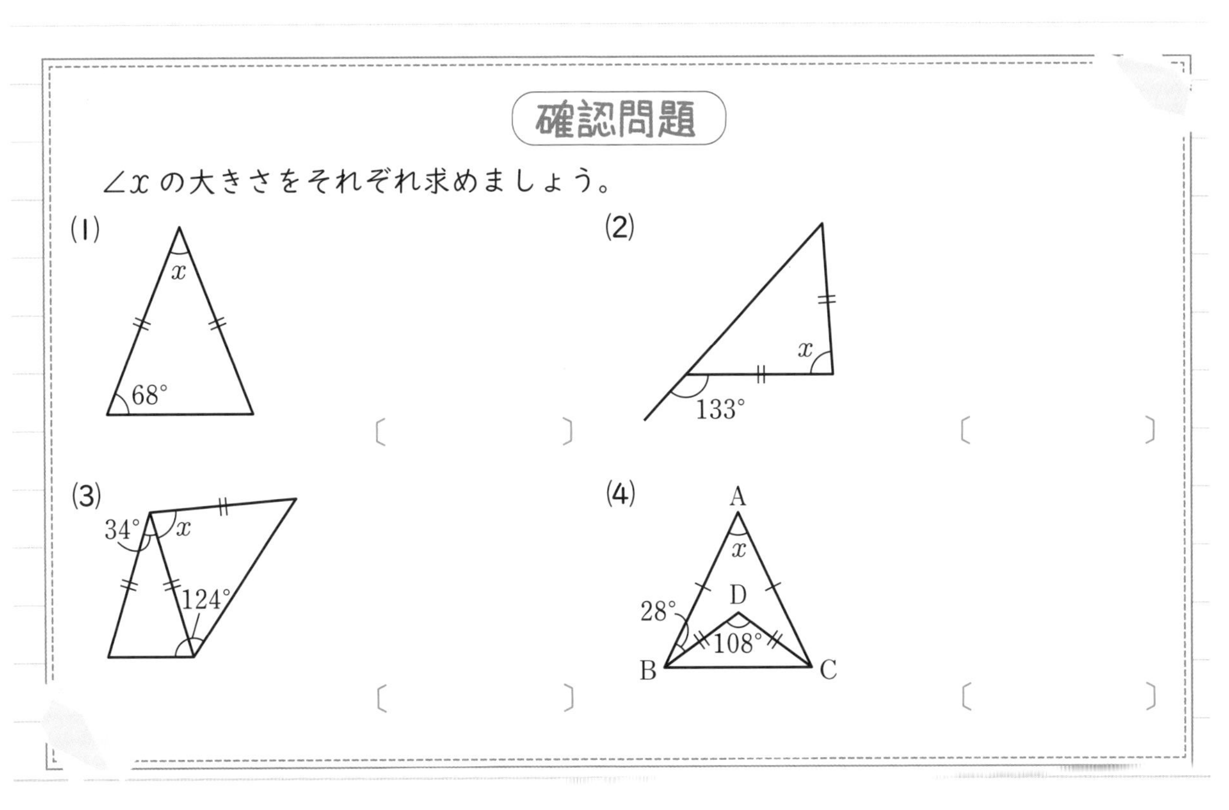

確認問題

$\angle x$ の大きさをそれぞれ求めましょう。

(1)

〔　　　　〕

(2)

〔　　　　〕

(3)

〔　　　　〕

(4)

〔　　　　〕

2 二等辺三角形になるための条件

ことがらの逆

ことがらの仮定と結論を入れかえたものを，

そのことがらの＿＿＿という。

〈A〉ならば〈B〉
逆
〈B〉ならば〈A〉

例 ①「2直線が平行ならば同位角が等しい」の逆は

「＿＿＿＿＿＿＿＿ならば＿＿＿＿＿＿＿＿」

②「a，b が奇数(きすう)ならば $a+b$ は偶数(ぐうすう)である」の逆は

「＿＿＿＿＿＿＿＿ならば＿＿＿＿＿＿＿＿」

①はもとのことがらもその逆も正しい。

②はもとのことがらは正しいが，その逆は正しくない。

あることがらについて，仮定は成り立つが結論は成り立たないという例を

＿＿＿という。

②の逆の反例は，$a=4$，$b=6$ や $a=-8$，$b=2$ などである。

★ a，b が偶数のとき，仮定「$a+b$ は偶数」は成り立つが，

結論「a，b は奇数である」が成り立たない。

注意 あることがらが正しい場合でも，
その逆が正しいとは限らない！

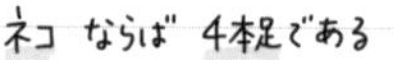

ネコ ならば 4本足である　　4本足 ならば ネコであ…?

二等辺三角形・正三角形になるための条件

定理 二等辺三角形になるための条件

＿＿＿＿＿が等しい三角形は二等辺三角形である。

(右の図で，∠B＝∠C ならば AB＝AC)

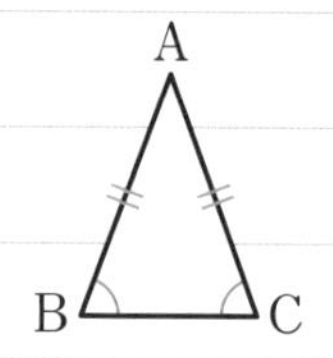

定理 正三角形になるための条件

＿＿＿＿＿が等しい三角形は正三角形である。

(右の図で，∠A＝∠B＝∠C ならば AB＝BC＝CA)

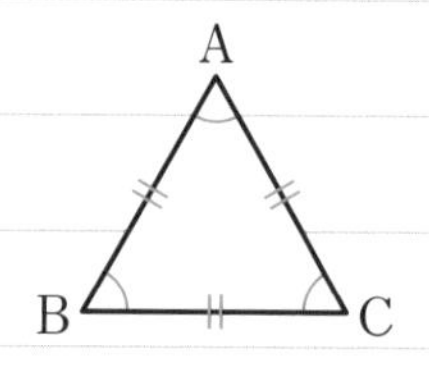

Point! 58ページの定理は逆も成り立つということになる。

➡左ページの**定理**を利用して証明してみよう。

例 右の図は，∠A を頂角とする二等辺三角形である。

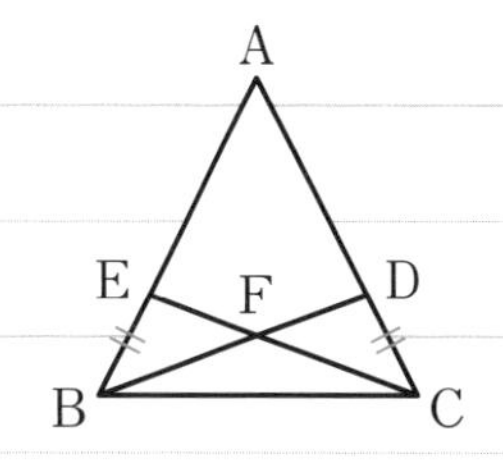

辺 AC，AB 上に EB＝DC となる点 D，E をとり，B と D，C と E を結び BD と CE の交点を F とする。△FBC が二等辺三角形になることを，次のように証明した。

あてはまることばや記号を入れて，証明を完成させよう！

〔証明〕△EBC と ＿＿＿＿ において

仮定より，　∠EBC＝∠＿＿＿＿ ……①　（二等辺三角形の底角は等しい）

EB＝＿＿＿＿ ……②　（対応する順に気をつけよう！）

共通な辺だから，BC＝＿＿＿＿ ……③

①，②，③より，2 組の辺とその間の角がそれぞれ等しいから，（三角形の合同条件）

△EBC≡＿＿＿＿

合同な図形では対応する角の大きさは等しいので，∠ECB＝∠＿＿＿＿

2 つの角が等しいので，△FBC は二等辺三角形である。

確認問題

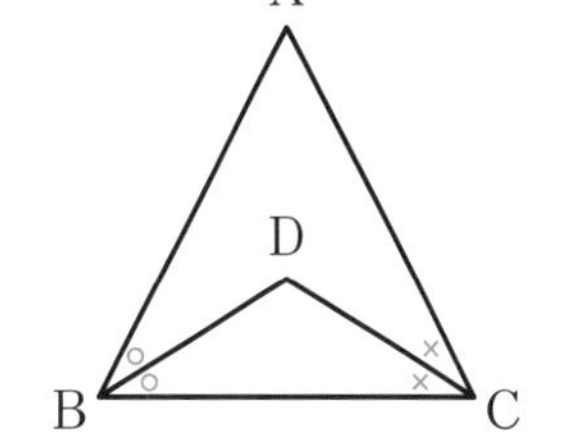

右の図のような△ ABC の∠B，∠C の二等分線の交点を D とします。DB＝DC ならば，△ ABC は二等辺三角形であることを次のように証明しました。あてはまることばや記号を入れて，証明を完成させましょう。

〔証明〕△DBC において

仮定より，DB＝＿＿＿＿ ……①

①より，△ DBC は二等辺三角形である。

二等辺三角形の 2 つの底角は等しいから，∠DBC＝∠＿＿＿＿ ……②

DB，DC は∠B，∠C の二等分線なので，

∠ABC＝2×∠＿＿＿＿ ……③，∠ACB＝2×∠＿＿＿＿ ……④

②，③，④より，∠ABC＝∠ACB

＿＿＿＿＿＿＿＿ ので，△ABC は二等辺三角形である。

3 直角三角形の合同条件

直角三角形の合同条件

直角三角形において，直角に対する辺のことを斜辺（しゃへん）という。

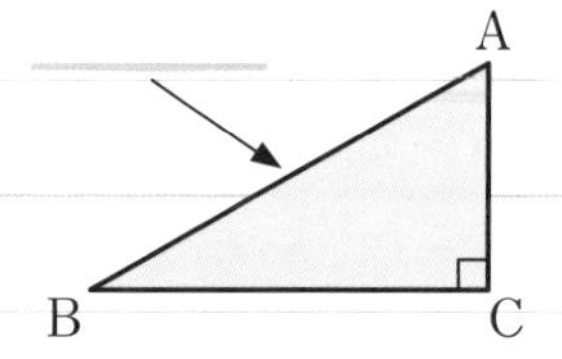

2つの直角三角形は，次のどちらかが成り立つとき合同。

［1］斜辺と＿＿＿＿＿がそれぞれ等しい。

右の図で，AB＝A′B′，∠B＝∠B′

［2］斜辺と＿＿＿＿＿がそれぞれ等しい。

右の図で，AB＝A′B′，BC＝B′C′

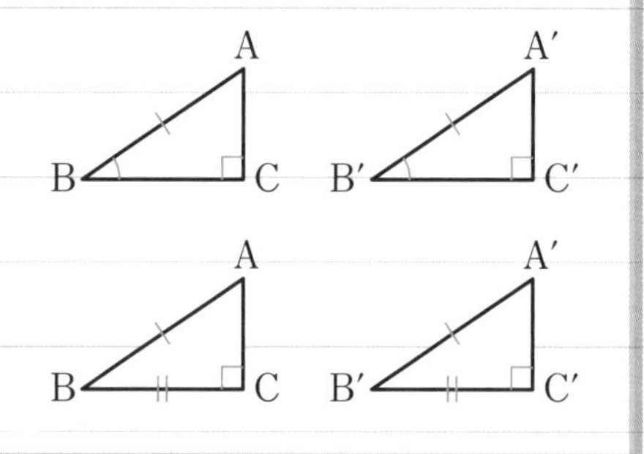

例 下の図で合同な直角三角形の組を記号≡を使って表し，合同条件を答える。

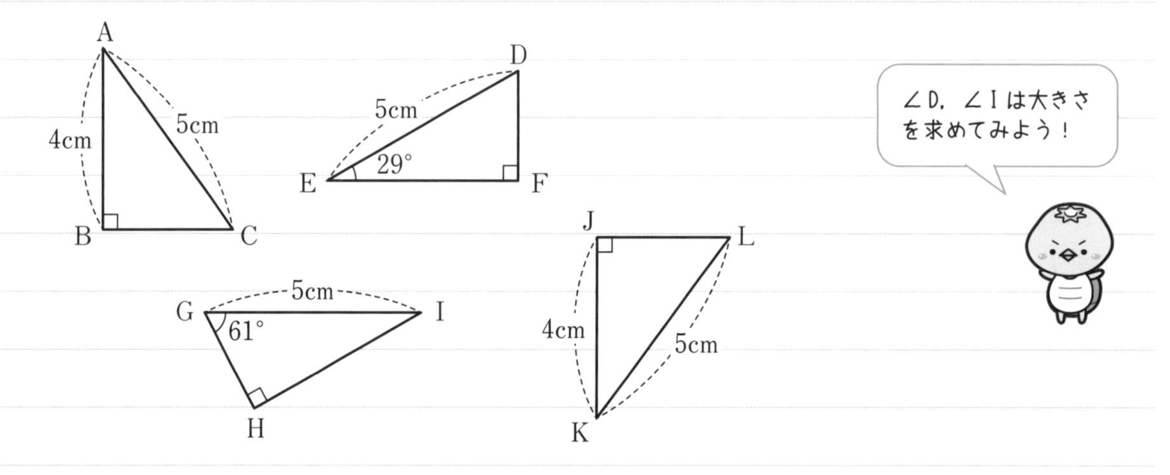

対応する頂点の順に書こう

・△ABC＿＿＿＿＿

合同条件：＿＿＿＿＿

・△DEF＿＿＿＿＿

合同条件：＿＿＿＿＿

直角三角形の合同の証明

例 右の図の△ ABC は，AB＝AC の二等辺三角形である。BC の中点 M から AB，AC にひいた垂線と AB，AC との交点を，それぞれ D，E とすると，DM＝EM となることを，次のように証明した。

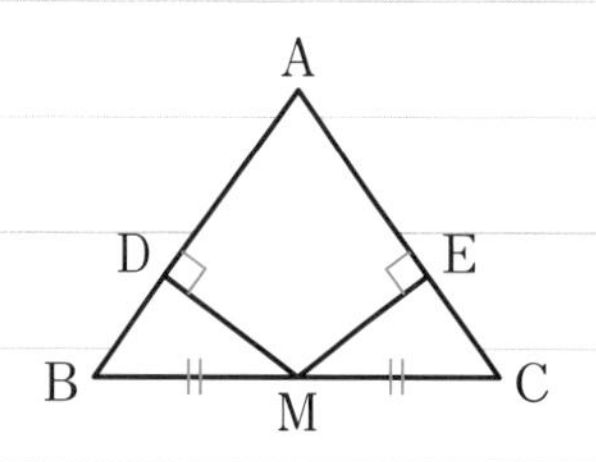

あてはまることばや記号を入れて，証明を完成させよう！

〔証明〕△DBM と ＿＿＿＿ において

直角であることを明らかにしておく

仮定より，∠BDM＝＿＿＿＿＝＿＿＿＿ ･･･①

二等辺三角形の底角なので，∠ DBM＝∠＿＿＿＿ ･･･②

点 M は BC の中点なので，BM＝＿＿＿＿ ･･･③

①，②，③より斜辺と 1 つの鋭角がそれぞれ等しいから，

△DBM≡＿＿＿＿

合同な図形では ＿＿＿＿＿＿＿＿ は等しいので，DM＝EM

Point! 直角がある場合は，直角三角形の合同条件が使えないか考えよう！

確認問題

右の図において，四角形 ABCD は正方形で，AP＝AQ となるように BC 上に点 P，CD 上に点 Q をとるとき，∠PAB＝∠QAD となることを，次のように証明しました。あてはまることばや記号を入れて，証明を完成させましょう。

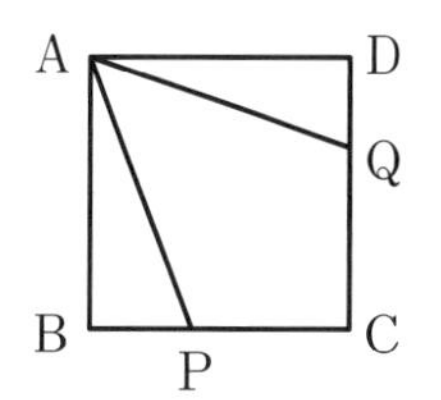

〔証明〕△ABP と ＿＿＿＿ において

正方形の角より，∠ ABP＝＿＿＿＿＝＿＿＿＿ ……①

仮定より，AP＝＿＿＿＿ ……②

正方形の辺なので，AB＝＿＿＿＿ ……③

①，②，③より，直角三角形の

＿＿＿＿＿＿＿＿＿＿＿＿ から，

△ABP ＿＿＿＿

合同な図形では ＿＿＿＿＿＿＿＿ ので，∠PAB＝∠QAD

平行四辺形の性質

平行四辺形の定義と定理

対辺…四角形の向かい合う辺

対角…四角形の向かい合う角

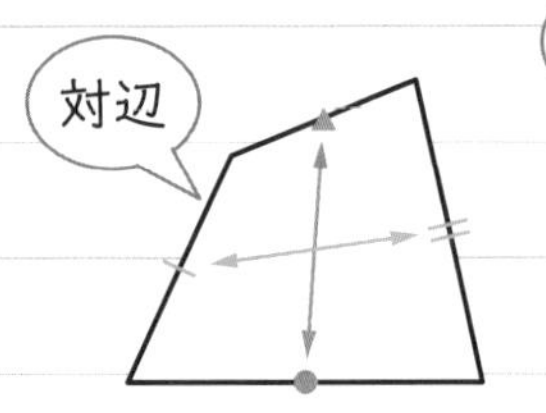

定義　＿＿＿＿が
それぞれ＿＿＿＿な
四角形を平行四辺形という。（AB∥DC，AD∥BC）

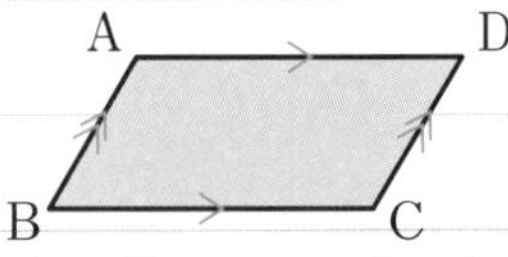

定理　平行四辺形の性質

［1］平行四辺形の＿＿＿＿はそれぞれ等しい。
（右の図で，AB＝DC，AD＝BC）

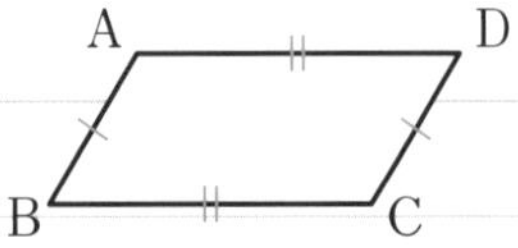

［2］平行四辺形の＿＿＿＿はそれぞれ等しい。
（右の図で，∠A＝∠C，∠B＝∠D）

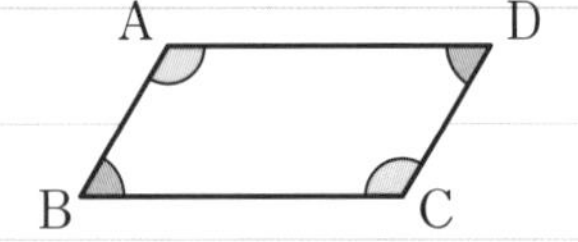

［3］平行四辺形の＿＿＿＿中点で交わる。
（右の図で，AO＝CO，BO＝DO）

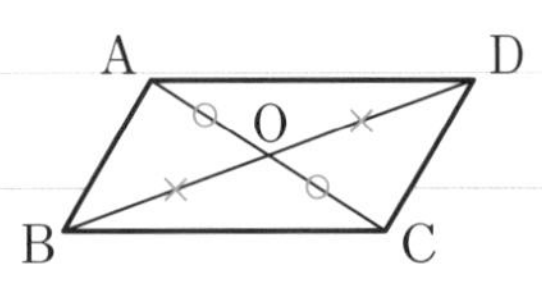

平行四辺形の角の大きさ，辺の長さ

例　右の図の平行四辺形について，x，y の値（あたい）をそれぞれ求める。

平行四辺形の＿＿＿＿は等しいので，←定理［1］

$x=$＿＿

平行四辺形の対角線は

それぞれの＿＿＿＿で交わるので，←定理［3］

$y=$＿＿

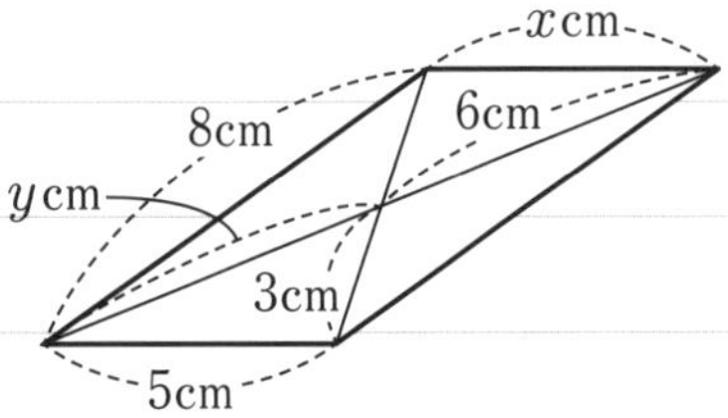

例 右の図で，平行四辺形 ABCD の辺 AD 上に
DC＝DE となるように点 E をとる。このとき，
図の x，y の値をそれぞれ求める。

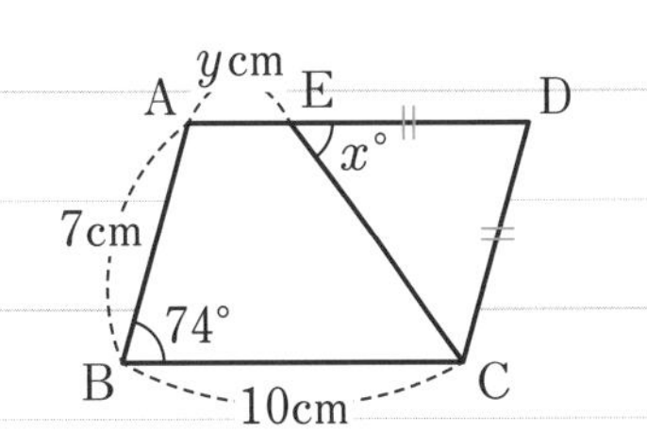

平行四辺形の ＿＿＿＿ は等しいので，←定理[2]

∠D＝＿＿＿＿

△DEC は DE＝DC の二等辺三角形であり，

その底角は等しいので，

x＝(180－＿＿＿＿)÷2＝＿＿＿＿

平行四辺形の ＿＿＿＿ は等しいので，←定理[1]

AD＝＿＿＿＿cm，DC＝＿＿＿＿cm

DC＝DE より，DE＝＿＿＿＿cm

したがって，y＝AD－DE＝＿＿＿＿－＿＿＿＿＝＿＿＿＿

Point! 問題で与(あた)えられている角の大きさや辺の長さから，
その対辺や対角の値を図にどんどん書きこんでいこう！

確認問題

右の図で，四角形 ABCD は平行四辺形で，∠ADC の二等分線が辺 AB の延長と交わる点を E とします。∠BED＝31°のとき，∠DCB の大きさを求めましょう。

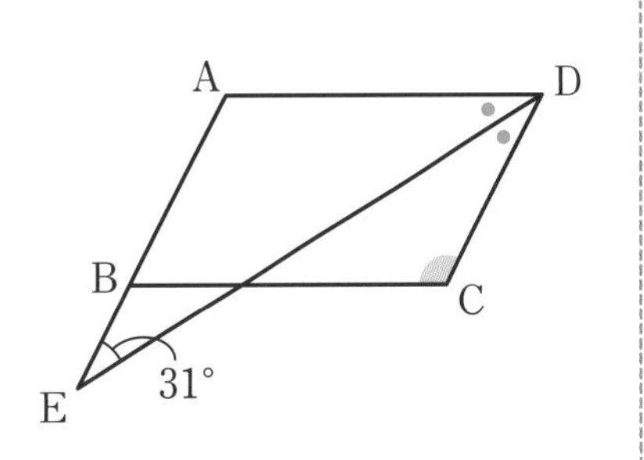

〔　　　　〕

5 平行四辺形になるための条件

平行四辺形になるための条件

定理 平行四辺形になるための条件

四角形は，次のどれかが成り立つとき平行四辺形になる。

［1］２組の対辺がそれぞれ平行である。(**定義**)

［2］＿＿＿＿＿＿＿＿がそれぞれ等しい。

［3］＿＿＿＿＿＿＿＿がそれぞれ等しい。

［4］＿＿＿＿＿＿がそれぞれの＿＿＿＿＿で交わる。

（［2］～［4］：平行四辺形の定理の逆）

［5］＿＿＿＿＿＿＿＿が平行で＿＿＿＿＿＿。 ←忘れがちなので注意！

［2］　［3］　［4］　［5］

例 右の図のような四角形ABCDに次の条件を加えるとき，つねに平行四辺形になるかを考える。

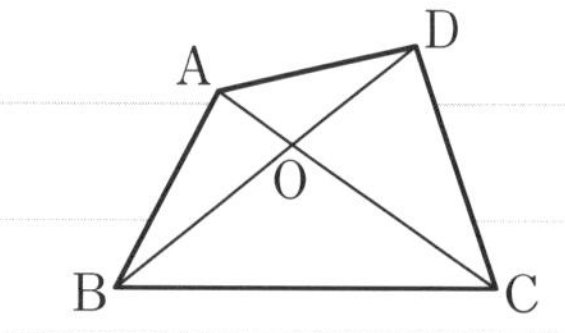

① AD∥BC，AB＝DC

→ 平行四辺形に＿＿＿＿＿＿＿＿＿＿＿＿。

② OA＝OC，OB＝OD

→ 平行四辺形に＿＿＿＿＿。

③ AC＝BD，∠AOB＝∠BOC

→ 平行四辺形に＿＿＿＿＿＿＿＿＿＿＿＿。

④ AB∥DC，AB＝DC

→ 平行四辺形に＿＿＿＿＿。

特別な平行四辺形

定義 ＿＿＿＿が等しい四角形を長方形という。

定理 長方形の対角線の＿＿＿＿は等しい。

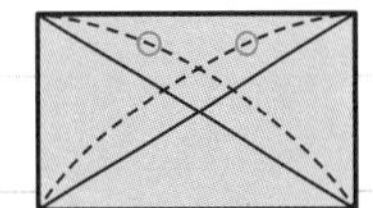

定義 ＿＿＿＿が等しい四角形をひし形という。

定理 ひし形の対角線は＿＿＿＿に交わる。

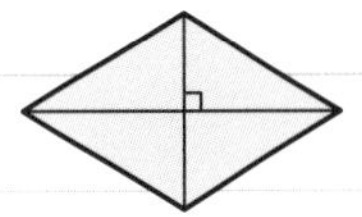

定義 ＿＿＿＿が等しく，＿＿＿＿が等しい四角形を正方形という。

定理 正方形の対角線は＿＿＿＿が等しく，＿＿＿＿に交わる。

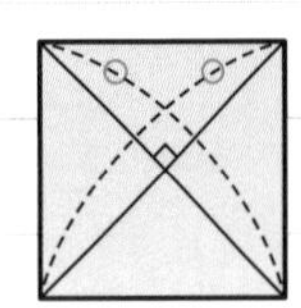

Point! 長方形，ひし形，正方形は平行四辺形の特別な場合である。

確認問題

右の図で，△ABC の辺 AC の中点を F とし，辺 AB 上の点 D から点 F を通り DF＝FE となる点 E をとるとき，∠AED＝∠CDE となることを，次のように証明しました。あてはまることばや記号を入れて，証明を完成させましょう。

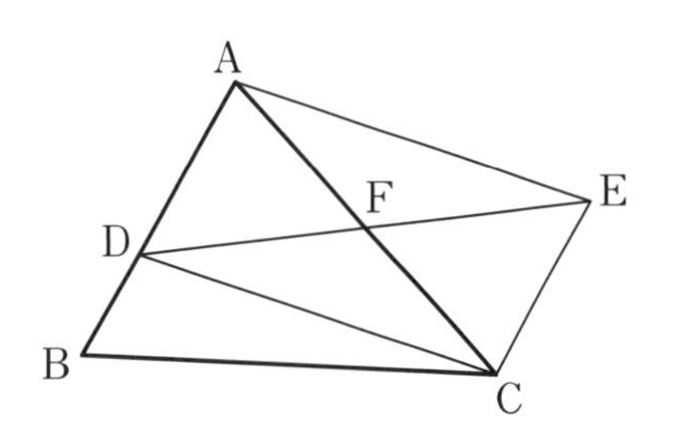

〔証明〕四角形 ADCE において，
仮定より　DF＝＿＿＿＿……①
点 F は AC の中点なので，AF＝＿＿＿＿……②
①，②より，＿＿＿＿＿＿＿＿から，
四角形＿＿＿＿は＿＿＿＿である。
平行四辺形の対辺は＿＿＿＿なので，AE＿＿DC
平行線の＿＿＿＿は等しいから，∠AED＝∠CDE である。

6 平行線と面積

平行線と面積

平行な２直線の間の距離(きょり)はつねに等しい。

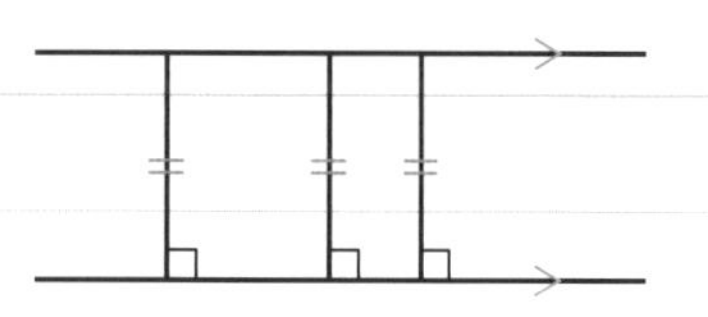

平行線はどこまで行っても決して交わらないよ。

定理　右の図のように，辺 BC を共有する△ABC と△DBC において

AD ＿＿ BC ならば，△ABC＝＿＿＿＿

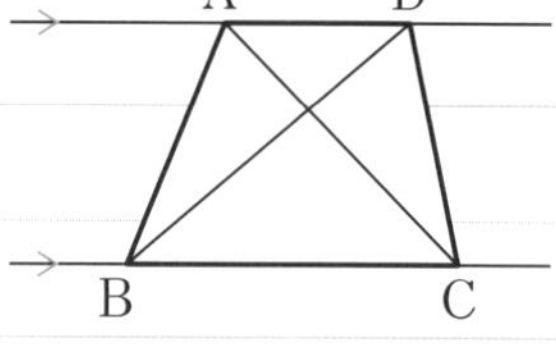

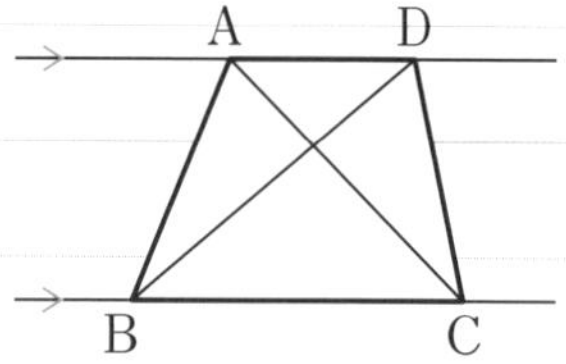

平行な２直線の間の距離はつねに等しいから，
共有している底辺 BC に対する高さも等しい。
よって，２つの三角形は面積が等しくなる。

memo
△ABCと△DEFの面積が等しいことを
△ABC＝△DEF
と書く。

例　右の図で，AD∥BC であるとき，
次の三角形と面積が等しい三角形を答える。

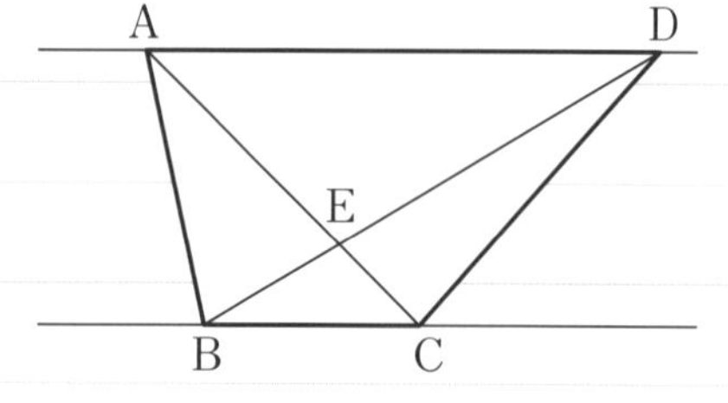

△ABC＝＿＿＿＿
底辺BCが共通で高さが等しい

△ABD＝＿＿＿＿
底辺ADが共通で高さが等しい

△ABE＝＿＿＿＿
面積が等しい△ABCと△DBCから
共通の△EBCをひいている！

面積が等しい三角形の作図

例 右の図の四角形 ABCD と面積が等しい△EBC を次の手順に従って作図する。

［1］対角線 AC をひく。

［2］AC と平行で，点 D を通る直線 ℓ をひく。

［3］辺 BA を A 側に延長し，直線 ℓ との交点を E とし，EC を直線で結ぶ。

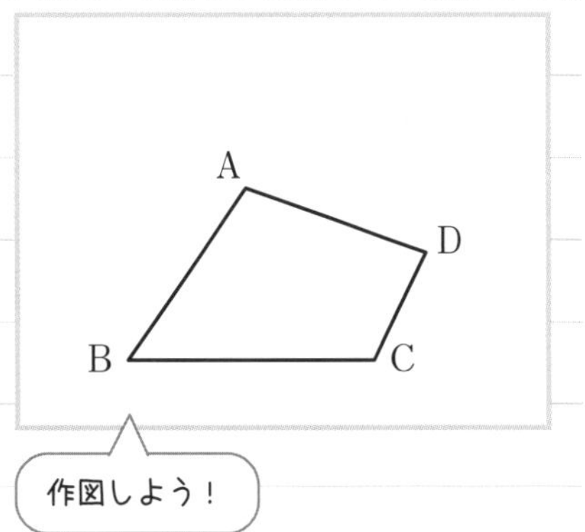

作図しよう！

底辺 AC は共通で，高さが等しいから，△DAC＝＿＿＿＿

四角形 ABCD＝△ABC＋＿＿＿＿

△EBC＝△ABC＋＿＿＿＿ ← 共通の△ABCに，面積が等しい△DACと△EACをたしている！

よって，四角形 ABCD＝△EBC

面積を変えずに形を変えることができる！

Point! 平行線に着目して，底辺と高さが等しい三角形を見つけよう。

確認問題

(1) 右の図で，四角形 ABCD は平行四辺形で，AB // FE であるとき，△AGD と面積が等しい三角形をすべて答えましょう。

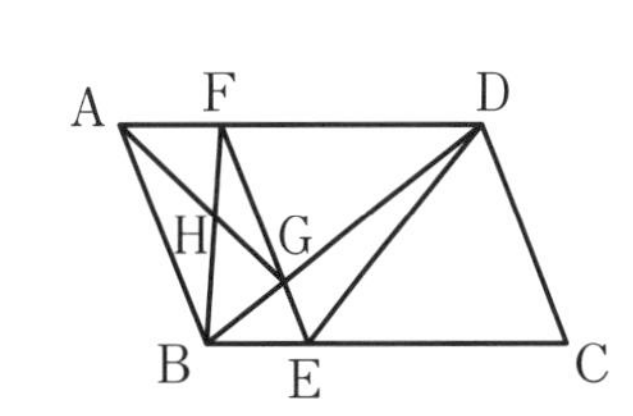

〔　　　　　　　　　　　　〕

(2) 右の図において，辺 CD の延長線上に点 E をとり，図形 ABCD の面積と等しい△EBC をかきましょう。

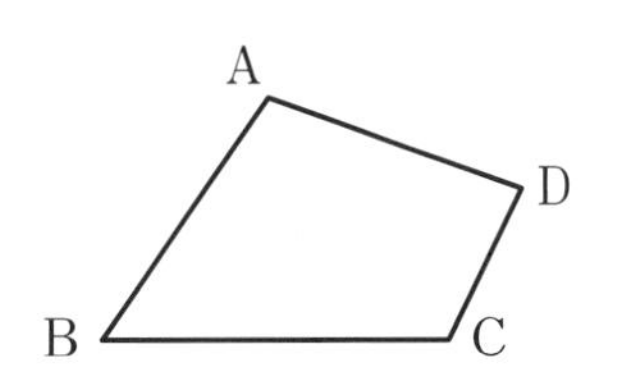

1 四分位数と四分位範囲

四分位数

データを値の大きさの順に並べて，個数で４等分したときに，４等分する位置にくる値を＿＿＿＿といい，小さい方から順に，第１四分位数，＿＿＿＿，＿＿＿＿という。

memo
第２四分位数は１年生のときに学習した「(全体での)中央値」と同じ。

小さい側半分での中央値　第１四分位数
全体での中央値　第２四分位数
大きい側半分での中央値　第３四分位数
最小　最大
同じ個数　同じ個数（小さい側半分）
同じ個数　同じ個数（大きい側半分）

●第１四分位数，第３四分位数の求め方

［1］　データを大きさの順に並べ，個数が同じになるように２つに分ける。
★データが奇数個のときは，＿＿＿＿を除いて分ける。

［2］　分けた２つのグループごとに，それぞれの中央値を求める。
小さい方のグループの中央値＿＿＿＿
大きい方のグループの中央値＿＿＿＿

データが奇数個
小さい側半分　大きい側半分
中央値

データが偶数個
小さい側半分　大きい側半分
この２つの平均が中央値

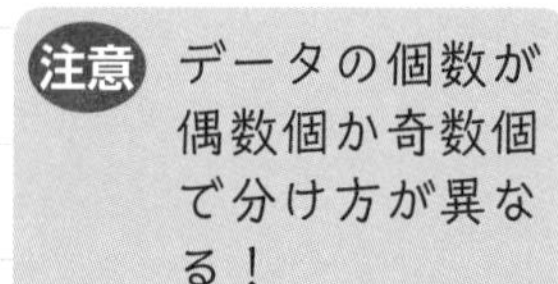

四分位範囲

第３四分位数から＿＿＿＿をひいた差を四分位範囲という。四分位範囲にはデータ全体のほぼ半分が入っている。四分位範囲が大きいほど，データの＿＿＿＿（第２四分位数）のまわりの散らばりの程度が大きいといえる。

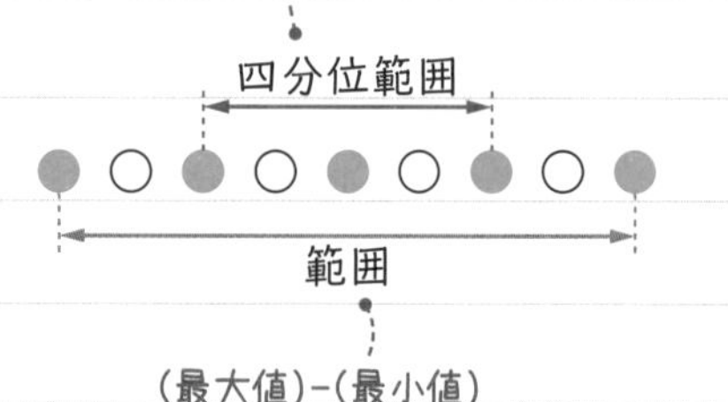

Point! 四分位範囲は，大きすぎる値や小さすぎる値を除いて，データを見ることができる。

例 次のデータについて，四分位数と四分位範囲を求める。

13　4　12　3　5　7　3　16　8　11　15　13　5　10

データを左から値の小さい順に並べると，

データを小さいグループと大きいグループに分ける。

データは全部で 14 個なので，7 個ずつに分けられる。

小さいグループの中央値が第 1 四分位数

真ん中の 2 個の平均が中央値（第 2 四分位数）

大きいグループの中央値が第 3 四分位数

第 1 四分位数は ＿＿，第 2 四分位数は ＿＿，第 3 四分位数は ＿＿

四分位範囲は ＿＿ − ＿＿ ＝ ＿＿

第 3 四分位数　　第 1 四分位数

Point! データを大きさの順に並びかえるときのミスを防ぐために，

~~13~~ のように斜め（なな）の線で印をつけよう。

確認問題

図書室から 1 週間で借りた本の冊数を班ごとに調べると，次のようになりました。

A 班	2	5	3	5	7	2	4	3	5	1	3
B 班	1	9	3	7	5	2	9	0	1	8	

(1) A 班と B 班の四分位数をそれぞれ求めましょう。

A 班：第 1 四分位数〔　　〕，第 2 四分位数〔　　〕，第 3 四分位数〔　　〕

B 班：第 1 四分位数〔　　〕，第 2 四分位数〔　　〕，第 3 四分位数〔　　〕

(2) 中央値のまわりの散らばりが大きいのはどちらの班ですか。

〔　　〕

2 箱ひげ図とその利用

箱ひげ図

四分位数を用いて，データの散らばりのようすを表した下のような図を　　　　　という。

　　　　… 四分位範囲のふくまれる部分。

　　　　… 四分位範囲外の部分。

memo
(四分位範囲)
＝(第３四分位数)
－(第１四分位数)

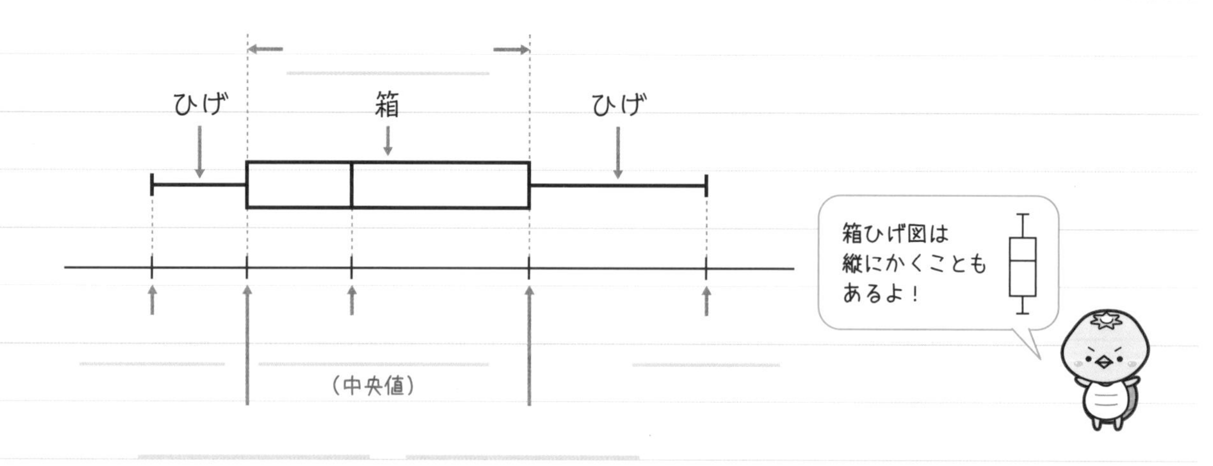

箱ひげ図の箱の部分を見ると，
ひと目で中央値まわりの散らばり方が分かる。
また，データが複数ある場合，
散らばりの程度が比べやすい。

例 下の箱ひげ図から，最大値，最小値，四分位数，四分位範囲を読み取る。

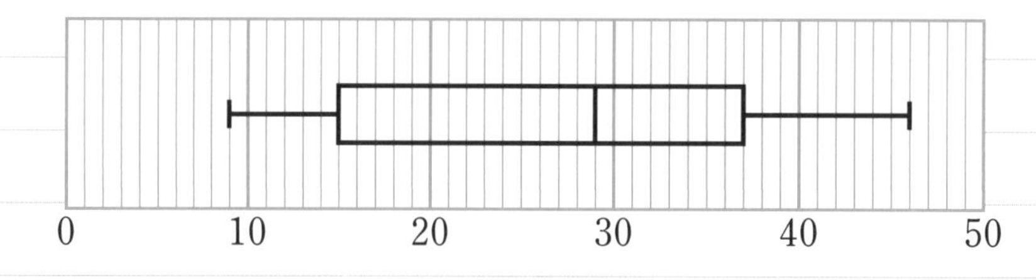

最大値　　　　　　　最小値

第１四分位数　　　　第２四分位数（中央値）

第３四分位数　　　　四分位範囲

例 次のデータについて箱ひげ図を作る。

13　10　4　8　15　3　10　7　4　12　14　6　8　13

データを値の小さい順に並べよう！

必要な値を求めよう！

最大値　　　　　　　最小値

第1四分位数　　　　　第2四分位数（中央値）

第3四分位数　　　　　四分位範囲

箱ひげ図をかこう！

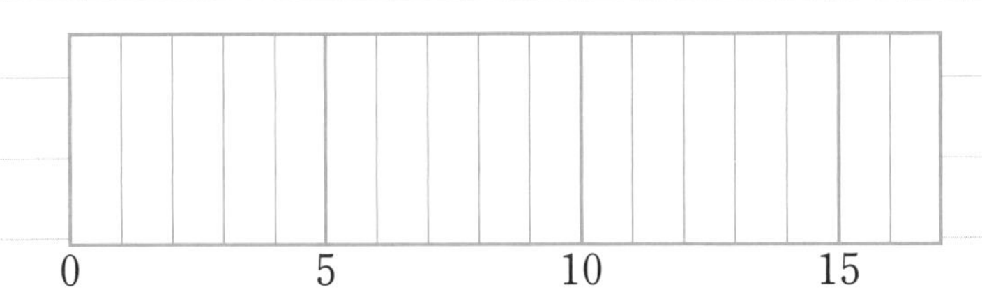

確認問題

下の図は，あるクラスの国語，英語，数学のテストの得点のデータの箱ひげ図です。

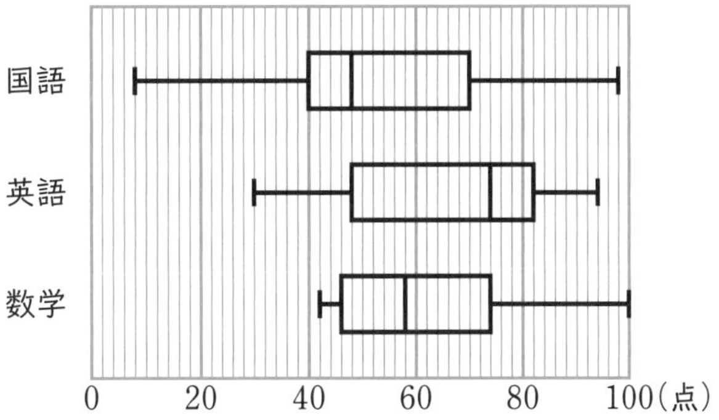

(1) 範囲がもっとも大きい教科を答えましょう。

〔　　　　　〕

(2) 四分位範囲がもっとも小さい教科を答えましょう。

〔　　　　　〕

(3) 70点以上の生徒が半数以上いる教科を答えましょう。

〔　　　　　〕

国語
英語
数学
0　20　40　60　80　100(点)

1 確率とは

確率とその求め方

あることがらの起こりやすさの程度を表す数を，
そのことがらの起こる＿＿＿＿という。

さいころを投げるとき，出る目は 1，2，3，4，5，6 の＿＿＿通りあり，
どの目が出ることも同じ程度に期待できる。
このようなとき，それぞれの場合の起こることは，
＿＿＿＿＿＿＿＿＿＿という。

この表現はしっかり覚える！

●確率の求め方

起こる場合が全部で n 通りあり，どれが起こることも同様に確からしいとする。
そのうち，ことがら A の起こる場合が a 通りであるとき，

ことがら A の起こる確率　$p=\frac{a}{n}$

また，絶対に起こることがらの確率は 1，
絶対に起こらないことがらの確率は 0 である。
確率 p の範囲(はんい)　＿＿＿ $\leqq p \leqq$ ＿＿＿

例　1 個のさいころを投げるとき，
6 の約数の目が出る確率を求める。

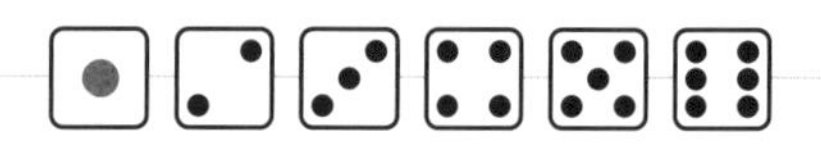

さいころの目の出方は，全部で＿＿＿通り。
6 の約数の目が出る場合の数は，＿＿＿通り。
よって，6 の約数の目が出る確率は，

$$\frac{(6\text{の約数の目が出る場合の数})}{(\text{全体の場合の数})} = \underline{\qquad} = \underline{\qquad}$$

忘れずに約分する

6 の約数
…1，2，3，6

確率と樹形図

起こりうるすべての場合を順序よく整理するには，

表や＿＿＿＿を用いるとよい。

樹形図の
かき方は小６で
勉強したね。

例 A，B，C，Dの４人から２人の委員をくじびきで

選ぶとき，Aが選ばれる確率を求める。

４人から２人の委員を選ぶ場合の数は…

組み合わせの
樹形図だね！

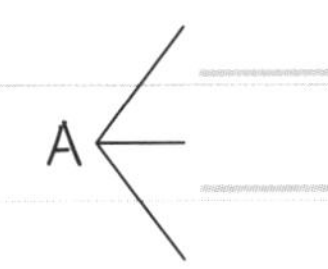

B＜＿＿＿　C――＿＿＿　全部で＿＿＿通り。

このうちAが選ばれるのは，A－B，A－C，A－Dの＿＿＿通り。

よって，Aが選ばれる確率は，＿＿＿＝＿＿＿

約分する

Point! 樹形図をかくときは，もれや重複がないように，

数字順やアルファベット順など順番にかいていこう！

確認問題

３枚のコインを同時に投げるとき，表，裏の出方について，次の問いに答えましょう。

(1)　樹形図を完成させましょう。

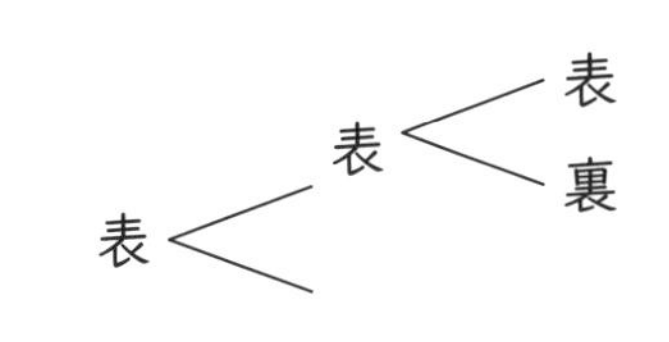

(2)　３枚とも裏が出る確率を求めましょう。

〔　　　　　〕

(3)　１枚が表で，２枚が裏になる確率を求めましょう。

〔　　　　　〕

2 いろいろな確率①

確率と表の利用

表を利用することで，　　　　と
同じように，順序よく整理して
場合の数を考えることができる。

memo
表の利用は，さいころを2個ふる場合や2個を選ぶ組み合わせ，2個を選んでさらに並びかえるような場合に有効。

例 大小2個のさいころを同時に投げるとき，出る目の数の和が10以上になる確率を求める。

さいころの目の出方は，表から，
全部で　　通り。

大＼小	⚀	⚁	⚂	⚃	⚄	⚅
⚀	(1, 1)	(1, 2)	(1, 3)	(1, 4)	(1, 5)	(1, 6)
⚁	(2, 1)	(2, 2)	(2, 3)	(2, 4)	(2, 5)	(2, 6)
⚂	(3, 1)	(3, 2)	(3, 3)	(3, 4)	(3, 5)	(3, 6)
⚃	(4, 1)	(4, 2)	(4, 3)	(4, 4)	(4, 5)	(4, 6)
⚄	(5, 1)	(5, 2)	(5, 3)	(5, 4)	(5, 5)	(5, 6)
⚅	(6, 1)	(6, 2)	(6, 3)	(6, 4)	(6, 5)	(6, 6)

大の目が2，小の目が3の場合を，(2，3) と表すよ！

出る目の数の和が10以上になるのは，

　　　　　　　　　　　　の　　通り。

よって，確率は，　　＝

起こらない確率

あることがらが起こらない確率は，1からあることがらが起こる確率をひくことで求めることができる。

(Aの起こらない確率)＝1－(Aの起こる確率)

memo
「～でない」「少なくとも～」という確率を求めるときに，起こらない確率を考えると簡単！

例 A，B，C，D，Eの５人から，委員長と副委員長をくじびきで選ぶとき，
Aが選ばれない確率を求める。

下の表を完成させよう！

（委員長，副委員長）で表す。

	A	B	C	D	E
A		(A，B)	(A，C)		
B	(B，A)		(B，C)		
C	(C，A)				
D					
E					

選び方全部の場合の数は，　　　通り。
Aが選ばれる場合の数は，　　　通り。

Aが選ばれる場合の方が少ないね。

Aが選ばれる確率は，　　＝

したがって，Aが選ばれない確率は，　　－　　＝

Point! 場合の数が少ない方を考えて，１からひけば，簡単に確率を求められる。

確認問題

大小２個のさいころを同時に投げるとき，次の確率を求めましょう。

(1) 出る目の数の積が５の倍数になる確率

〔　　　　〕

(2) 出る目の数の和が５以上になる確率

〔　　　　〕

(3) 少なくとも一方の目が４以下になる確率

〔　　　　〕

3 いろいろな確率②

同時に取り出す問題

例 赤玉が4個，青玉が2個入った袋(ふくろ)から，
同時に2個の玉を取り出すときの確率を考える。

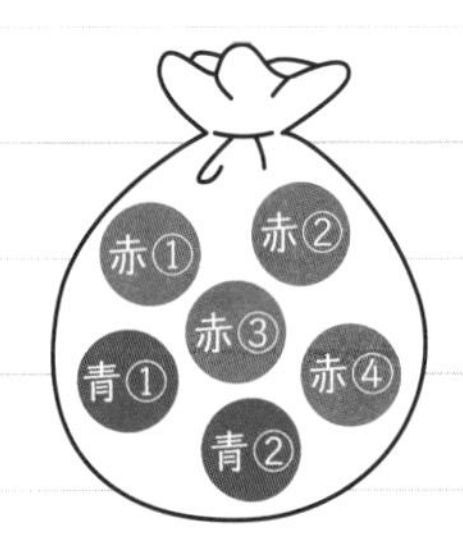

Point! ・赤玉と青玉をそれぞれの個数で，赤①，赤②，・・・，
青①，青②のように区別して考える。
・（赤②，青①）と（青①，赤②）と出ることは
同じことなので，組み合わせを考える。

絵をかいておくと
イメージしやすいよ！

樹形図を完成させよう！

赤①─赤②, 赤③, ＿, ＿, ＿
赤②─赤③, ＿, ＿, ＿
赤③

樹形図をかくとき，赤や青など，画数が多い場合，「赤をR」，「青をB」と
英語の頭文字や，「赤を△」「青を□」にするなど簡単にして書く方法もある。

赤玉1個と青玉1個が出る確率を求めよう！

玉の取り出し方は，全部で ＿＿＿ 通り。

赤玉1個と青玉1個が出る場合の数は， ＿＿＿ 通り。

よって，赤玉1個と青玉1個が出る確率は， ＿＿＿

2個とも同じ色が出る確率を求めよう！

赤玉2個が出る場合の数は， ＿＿＿ 通り。

青玉2個が出る場合の数は， ＿＿＿ 通り。

すなわち，2個とも同じ色が出る場合の数は， ＿＿＿ 通り。

よって，2個とも同じ色が出る確率は， ＿＿＿

順に取り出す問題

例 2本の当たりくじが入った5本のくじがある。先にAが1本ひき，続いてBが1本ひくとき，少なくとも1人が当たる確率を求める。

Point! ・当たりとはずれをそれぞれの本数で，当たりを①，②，はずれを⚠1，⚠2，⚠3のように区別して考える。

・②－⚠1と⚠1－②はちがうひき方なので注意する。

樹形図を完成させよう！

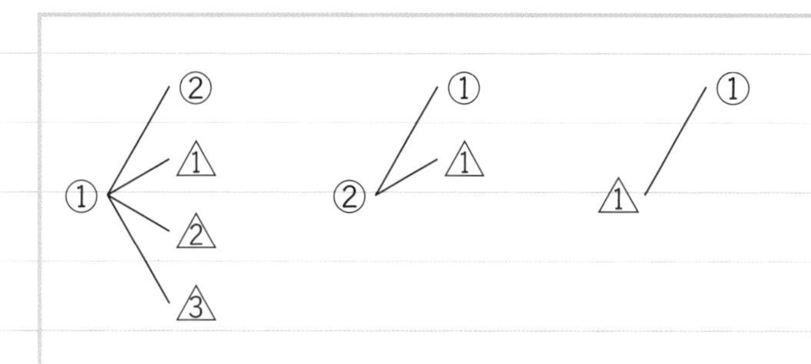

くじのひき方は，全部で ＿＿ 通り。

AもBもはずれる場合の数は，＿＿ 通り。

AもBもはずれる確率は，＿＿ ＝ ＿＿

よって，少なくとも1人が当たる確率は，＿＿ － ＿＿ ＝ ＿＿

確認問題

黒玉2個，白玉3個が入った袋の中から，同時に2個の玉を取り出すことについて，次の確率を求めましょう。

(1) 黒玉1個と白玉1個が出る確率

〔　　　　〕

(2) 白玉が少なくとも1個出る確率

〔　　　　〕

初版
第１刷　2023年６月１日　発行

●編 者
数研出版編集部
●カバー・表紙デザイン
株式会社クラップス

発行者　星野 泰也

ISBN978-4-410-15554-3

とにかく基礎 定期テスト準備ノート 中2数学

発行所　数研出版株式会社
〒101-0052 東京都千代田区神田小川町２丁目３番地３
〔振替〕00140-4-118431
〒604-0861 京都市中京区烏丸通竹屋町上る大倉町205番地
〔電話〕代表（075）231-0161
ホームページ　https://www.chart.co.jp
印刷　創栄図書印刷株式会社
乱丁本・落丁本はお取り替えいたします　230401

とにかく基礎

定期テスト準備ノート

中2数学

1 単項式と多項式 …… 4・5ページの解答

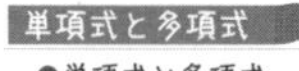

単項式と多項式

●単項式と多項式

単項式…$3a$，$-xy$，n^2 のように数や文字をかけ合わせただけの式。

x，6など1つの文字や数も単項式という。

多項式…$2x^2-3y$ のように単項式の和の形で表された式。

●多項式の項

多項式において，1つ1つの単項式を 項 という。

また，数だけの項を 定数項 という。　$4x-y+5$（項　項　項(定数項)）

●係数と次数

係数…単項式や多項式の項が数と文字の積になっているとき，文字にかけ合わされている数。

例 $7x$ の係数は 7

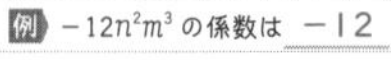

例 $-12n^2m^3$ の係数は -12

次数…単項式で，かけ合わされている文字の個数。

例 $5xy=5\times x\times y$　←文字が2個かけ合わされているので，次数は 2

例 $-3a^3=-3\times a\times a\times a$　←文字が3個かけ合わされているので，次数は 3

●多項式の次数

多項式の次数…多項式の各項の次数のうち，もっとも 大きい もの。

例 $-3xy+2x^2y-5xy^3$ → この式の次数は 4。
（次数は2　次数は3　次数は4）

同類項

●同類項

1つの多項式の中で，文字の部分が同じ項を 同類項 という。

例 多項式 $2x^2-3xy+3y^3-4x^2+5y-6xy$ について，

同類項は $2x^2$ と $-4x^2$，$-3xy$ と $-6xy$。

注意 $3y^3$ と $5y$…同類項ではない！（次数は3　次数は1）

●同類項のまとめ方

同類項は 分配法則 の式を用いて1つの項にまとめることができる。

例 $-6a+5b+c+3a-9b-2$

$=-6a+3a+5b-9b+c-2$

$=(-6+3)a+(5-9)b+c-2$

$=-3a-4b+c-2$

memo　分配法則　$(a+b)x=ax+bx$

Point! $+c$ と -2 は他に同類項はないので，そのままでOK！
同類項どうしをまとめよう。

確認問題

(1) 次のそれぞれの式を単項式と多項式に分けましょう。

ア $-3xy$　イ $4x^3-2x^2+3$　ウ $\frac{1}{5}a^3$　エ $a-11$

単項式〔ア，ウ〕　多項式〔イ，エ〕

(2) 次のそれぞれの式の次数を答えましょう。

① $\frac{1}{4}xy$　② $-6x^3-x^2+4$　③ $-\frac{2}{5}a^5-a^3b^2+\frac{1}{7}ab^3$

〔2〕　〔3〕　〔5〕

(3) 次の式の同類項をまとめて簡単にしましょう。

① $3x^2+5x-7x^2+2x$　〔$-4x^2+7x$〕

② $-6a^3-a^2+4-2a^3+5a^2-1$　〔$-8a^3+4a^2+3$〕

2 多項式の加法と減法 …… 6・7ページの解答

多項式の加法

加法…たし算

多項式の加法は，すべての項を加えて，同類項 をまとめる。

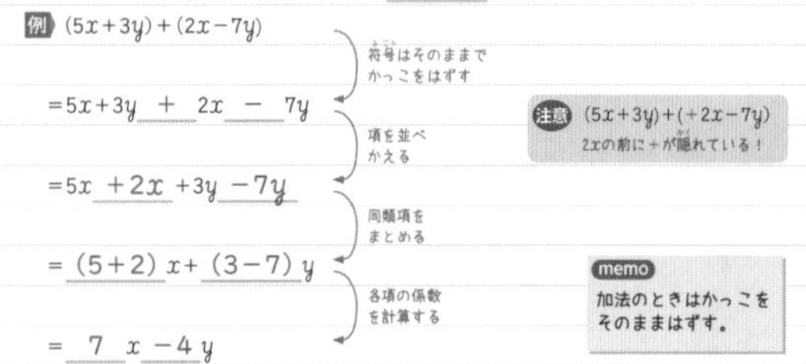

例 $(5x+3y)+(2x-7y)$

$=5x+3y+2x-7y$　（符号はそのままでかっこをはずす）

$=5x+2x+3y-7y$　（項を並べかえる）

$=(5+2)x+(3-7)y$　（同類項をまとめる）

$=7x-4y$　（各項の係数を計算する）

注意 $(5x+3y)+(+2x-7y)$　$2x$ の前に＋が隠れている！

memo　加法のときはかっこをそのままはずす。

多項式の減法

減法…ひき算

多項式の減法は，ひく式の各項の符号を変えてから，すべての項を加えて 同類項 をまとめる。

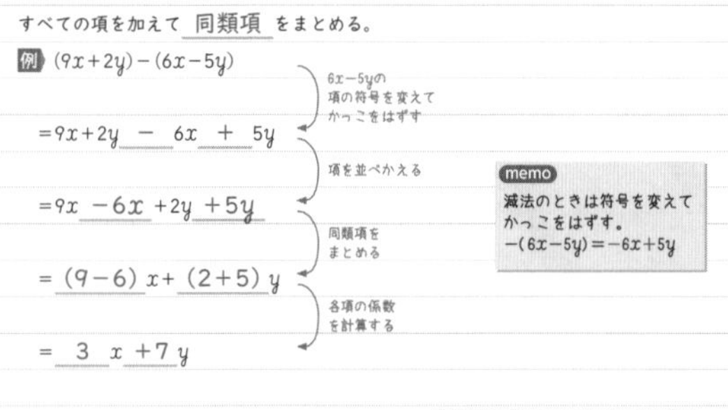

例 $(9x+2y)-(6x-5y)$

$=9x+2y-6x+5y$　（$6x-5y$ の項の符号を変えてかっこをはずす）

$=9x-6x+2y+5y$　（項を並べかえる）

$=(9-6)x+(2+5)y$　（同類項をまとめる）

$=3x+7y$　（各項の係数を計算する）

memo　減法のときは符号を変えてかっこをはずす。$-(6x-5y)=-6x+5y$

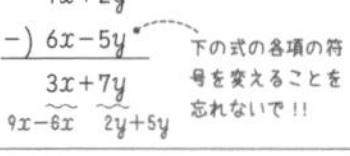

Point! 2つの式の和，差を計算するときは，はじめにそれぞれの式にかっこをつけた式をつくろう！

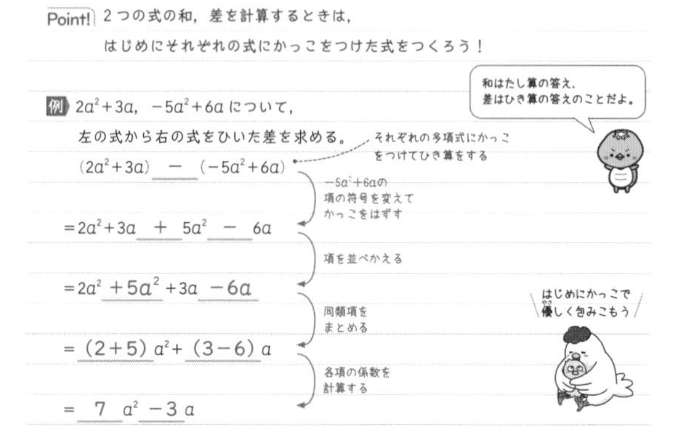

和はたし算の答え，差はひき算の答えのことだよ。

例 $2a^2+3a$，$-5a^2+6a$ について，

左の式から右の式をひいた差を求める。（それぞれの多項式にかっこをつけてひき算をする）

$(2a^2+3a)-(-5a^2+6a)$

$=2a^2+3a+5a^2-6a$　（$-5a^2+6a$ の項の符号を変えてかっこをはずす）

$=2a^2+5a^2+3a-6a$　（項を並べかえる）

$=(2+5)a^2+(3-6)a$　（同類項をまとめる）

$=7a^2-3a$　（各項の係数を計算する）

はじめにかっこで優しく包みこもう

確認問題

(1) 次の計算をしましょう。

① $(5x-7y)+(7x-2y)$
$=5x+7x-7y-2y$
$=12x-9y$

② $(9x^2+15x)+(-3x^2-23x)$
$=9x^2-3x^2+15x-23x$
$=6x^2-8x$

③ $(9x-y)-(2x+5y)$
$=9x-y-2x-5y$
$=9x-2x-y-5y$
$=7x-6y$

④ $(-12a^2+8a)-(6a^2-2a)$
$=-12a^2+8a-6a^2+2a$
$=-12a^2-6a^2+8a+2a$
$=-18a^2+10a$

(2) 次の2つの式について，左の式から右の式をひいた差を求めましょう。

$3x-5y$，$-4x+8y$

$(3x-5y)-(-4x+8y)=3x-5y+4x-8y$
$=3x+4x-5y-8y$
$=7x-13y$

3 多項式と数の乗法，除法 …… 8・9ページの解答

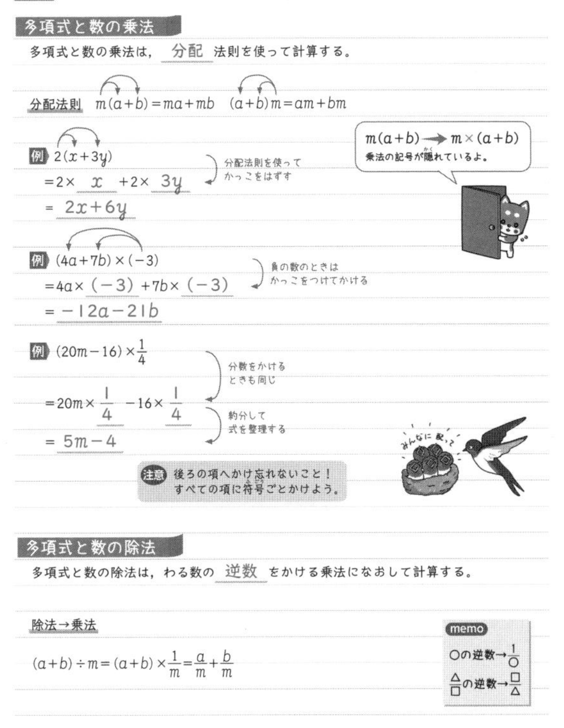

多項式と数の乗法

多項式と数の乗法は，　分配　法則を使って計算する。

分配法則　$m(a+b)=ma+mb$　$(a+b)m=am+bm$

例 $2(x+3y)$
$=2\times\ x\ +2\times\ 3y$　（分配法則を使って かっこをはずす）
$=\ 2x+6y$

例 $(4a+7b)\times(-3)$
$=4a\times(-3)+7b\times(-3)$　（負の数のときは かっこをつけてかける）
$=-12a-21b$

例 $(20m-16)\times\frac{1}{4}$　（分数をかける ときも同じ）
$=20m\times\frac{1}{4}-16\times\frac{1}{4}$　（約分して 式を整理する）
$=5m-4$

注意　後ろの項へかけ忘れないこと！ すべての項に符号ごとかけよう。

多項式と数の除法

多項式と数の除法は，わる数の　逆数　をかける乗法になおして計算する。

除法→乗法

$(a+b)\div m=(a+b)\times\frac{1}{m}=\frac{a}{m}+\frac{b}{m}$

memo
○の逆数→$\frac{1}{○}$
$\frac{△}{□}$の逆数→$\frac{□}{△}$

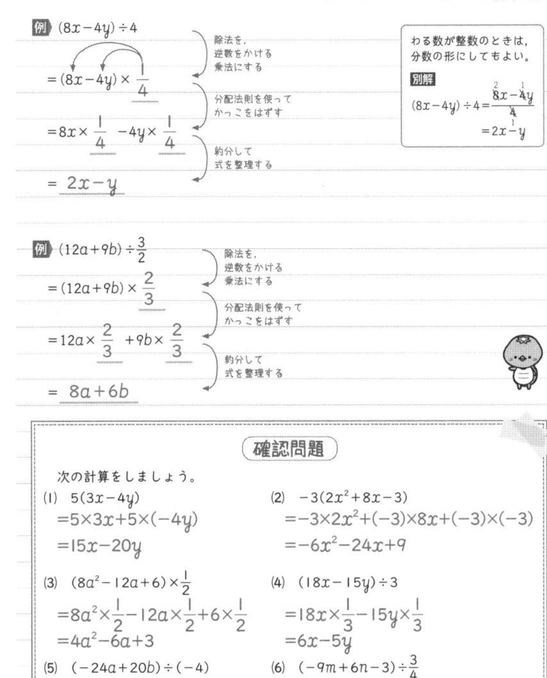

例 $(8x-4y)\div4$　（除法を，逆数をかける 乗法にする）
$=(8x-4y)\times\frac{1}{4}$　（分配法則を使って かっこをはずす）
$=8x\times\frac{1}{4}-4y\times\frac{1}{4}$　（約分して 式を整理する）
$=\ 2x-y$

わる数が整数のときは，分数の形にしてもよい。
別解
$(8x-4y)\div4=\frac{8x-4y}{4}$
$=2x-y$

例 $(12a+9b)\div\frac{3}{2}$　（除法を，逆数をかける 乗法にする）
$=(12a+9b)\times\frac{2}{3}$　（分配法則を使って かっこをはずす）
$=12a\times\frac{2}{3}+9b\times\frac{2}{3}$　（約分して 式を整理する）
$=\ 8a+6b$

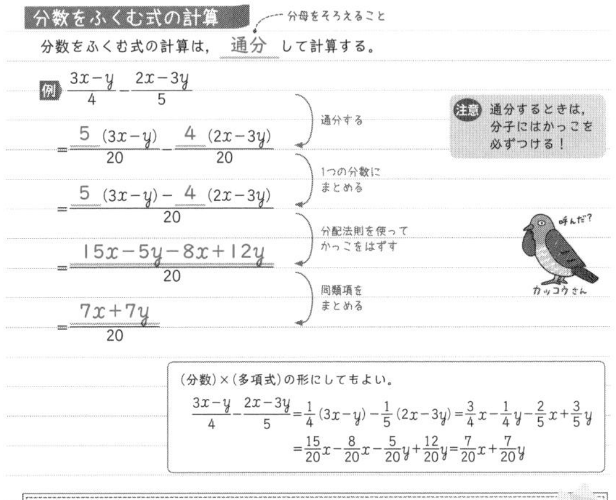

確認問題

次の計算をしましょう。

(1) $5(3x-4y)$
$=5\times3x+5\times(-4y)$
$=15x-20y$

(2) $-3(2x^2+8x-3)$
$=-3\times2x^2+(-3)\times8x+(-3)\times(-3)$
$=-6x^2-24x+9$

(3) $(8a^2-12a+6)\times\frac{1}{2}$
$=8a^2\times\frac{1}{2}-12a\times\frac{1}{2}+6\times\frac{1}{2}$
$=4a^2-6a+3$

(4) $(18x-15y)\div3$
$=18x\times\frac{1}{3}-15y\times\frac{1}{3}$
$=6x-5y$

(5) $(-24a+20b)\div(-4)$
$=-24a\times\left(-\frac{1}{4}\right)+20b\times\left(-\frac{1}{4}\right)$
$=6a-5b$

(6) $(-9m+6n-3)\div\frac{3}{4}$
$=-9m\times\frac{4}{3}+6n\times\frac{4}{3}-3\times\frac{4}{3}$
$=-12m+8n-4$

4 いろいろな計算 …… 10・11ページの解答

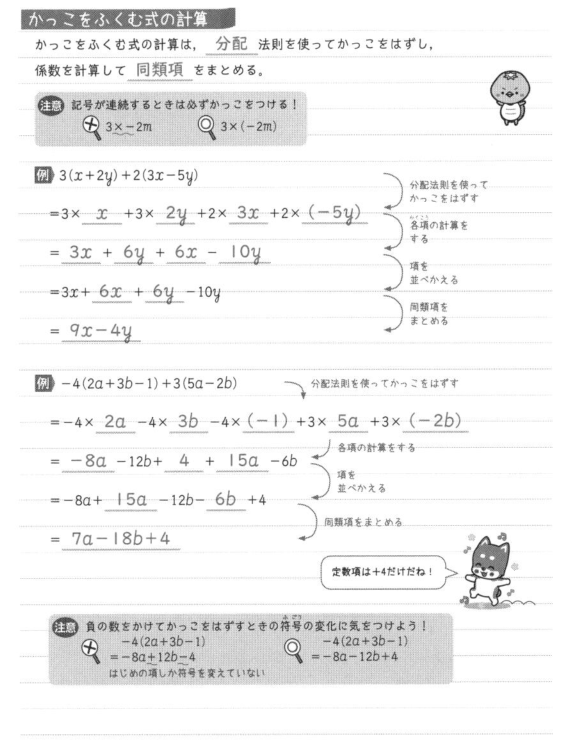

かっこをふくむ式の計算

かっこをふくむ式の計算は，　分配　法則を使ってかっこをはずし，係数を計算して　同類項　をまとめる。

注意　記号が連続するときは必ずかっこをつける！
✕ $3\times-2m$　○ $3\times(-2m)$

例 $3(x+2y)+2(3x-5y)$
$=3\times\ x\ +3\times\ 2y\ +2\times\ 3x\ +2\times(-5y)$　（分配法則を使って かっこをはずす）
$=\ 3x\ +\ 6y\ +\ 6x\ -\ 10y$　（各項の計算を する）
$=3x+\ 6x\ +\ 6y\ -10y$　（項を 並べかえる）
$=\ 9x-4y$　（同類項を まとめる）

例 $-4(2a+3b-1)+3(5a-2b)$　（分配法則を使ってかっこをはずす）
$=-4\times\ 2a\ -4\times\ 3b\ -4\times(-1)+3\times\ 5a\ +3\times(-2b)$　（各項の計算をする）
$=\ -8a\ -12b+\ 4\ +\ 15a\ -6b$　（項を 並べかえる）
$=-8a+\ 15a\ -12b-\ 6b\ +4$　（同類項をまとめる）
$=\ 7a-18b+4$

注意　負の数をかけてかっこをはずすときの符号の変化に気をつけよう！
✕ $-4(2a+3b-1)$ $=-8a+12b-4$ はじめの項しか符号を変えていない
○ $-4(2a+3b-1)$ $=-8a-12b+4$

分数をふくむ式の計算

分数をふくむ式の計算は，　通分　して計算する。（分母をそろえること）

例 $\frac{3x-y}{4}-\frac{2x-3y}{5}$　（通分する）
$=\frac{5(3x-y)}{20}-\frac{4(2x-3y)}{20}$　（1つの分数に まとめる）
$=\frac{5(3x-y)-4(2x-3y)}{20}$　（分配法則を使って かっこをはずす）
$=\frac{15x-5y-8x+12y}{20}$　（同類項を まとめる）
$=\frac{7x+7y}{20}$

注意　通分するときは，分子にはかっこを必ずつける！

(分数)×(多項式)の形にしてもよい。
$\frac{3x-y}{4}-\frac{2x-3y}{5}=\frac{1}{4}(3x-y)-\frac{1}{5}(2x-3y)=\frac{3}{4}x-\frac{1}{4}y-\frac{2}{5}x+\frac{3}{5}y$
$=\frac{15}{20}x-\frac{8}{20}x-\frac{5}{20}y+\frac{12}{20}y=\frac{7}{20}x+\frac{7}{20}y$

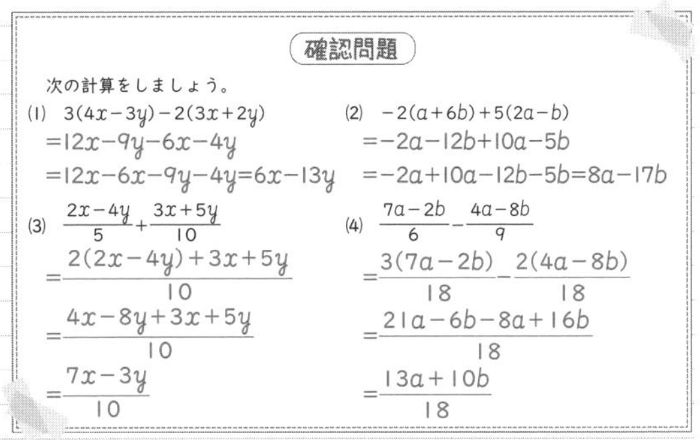

確認問題

次の計算をしましょう。

(1) $3(4x-3y)-2(3x+2y)$
$=12x-9y-6x-4y$
$=12x-6x-9y-4y=6x-13y$

(2) $-2(a+6b)+5(2a-b)$
$=-2a-12b+10a-5b$
$=-2a+10a-12b-5b=8a-17b$

(3) $\frac{2x-4y}{5}+\frac{3x+5y}{10}$
$=\frac{2(2x-4y)+3x+5y}{10}$
$=\frac{4x-8y+3x+5y}{10}$
$=\frac{7x-3y}{10}$

(4) $\frac{7a-2b}{6}-\frac{4a-8b}{9}$
$=\frac{3(7a-2b)}{18}-\frac{2(4a-8b)}{18}$
$=\frac{21a-6b-8a+16b}{18}$
$=\frac{13a+10b}{18}$

5 単項式の乗法，除法 …………………………………… 12・13 ページの解答

単項式どうしの乗法

単項式の乗法は，係数の 積 に文字の 積 をかける。

Point! 文字と数の積は①数（係数），②文字のアルファベット順に書く。

例 $3x\times5y$
$=3\times 5 \times x\times y$ 　積の順序を入れかえる
$=15\times xy$ 　係数を計算する（係数の積，文字の積）
$=15xy$

例 $4a\times(-5b)$
$=4\times(-5)\times a\times b$ 　積の順序を入れかえる
$=-20\times ab$ 　係数を計算する（係数の積，文字の積）
$=-20ab$

注意 $(-3x)^2=(-3x)\times(-3x)$
$-3x^2=-3\times x\times x$

例 $(-3x)^2$
$=(-3x)\times(-3x)$ 　2乗なので，2回かける
$=(-3)\times(-3)\times x\times x$ 　積の順序を入れかえる（係数の積，文字の積）
$=9x^2$ 　係数を計算する

memo 同じ文字の積は，指数を使って累乗の形で表す。

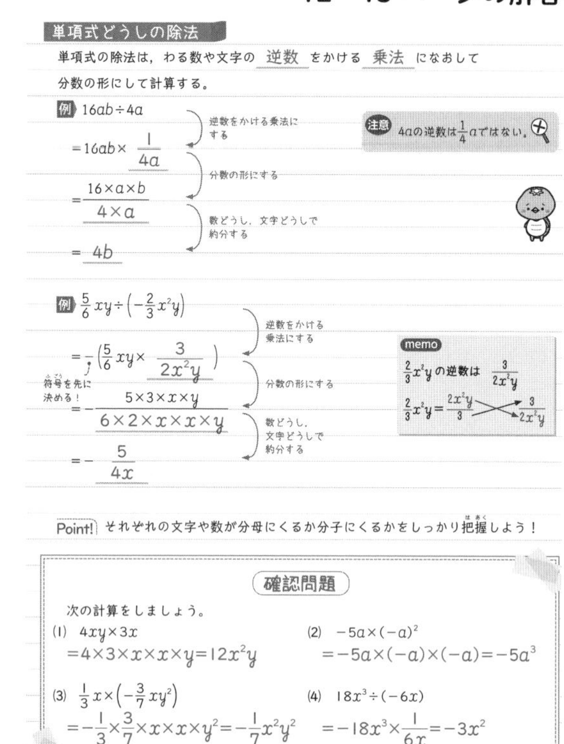

単項式どうしの除法

単項式の除法は，わる数や文字の 逆数 をかける 乗法 になおして分数の形にして計算する。

例 $16ab\div4a$
$=16ab\times\dfrac{1}{4a}$ 　逆数をかける乗法にする
$=\dfrac{16\times a\times b}{4\times a}$ 　分数の形にする
$=4b$ 　数どうし，文字どうしで約分する

注意 $4a$の逆数は$\frac{1}{4}a$ではない。

例 $\frac{5}{6}xy\div\left(-\frac{2}{3}x^2y\right)$
$=-\left(\frac{5}{6}xy\times\dfrac{3}{2x^2y}\right)$ 　逆数をかける乗法にする（符号を先に決める！）
$=-\dfrac{5\times3\times x\times y}{6\times2\times x\times x\times y}$ 　分数の形にする
$=-\dfrac{5}{4x}$ 　数どうし，文字どうしで約分する

memo $\frac{2}{3}x^2y$の逆数は$\frac{3}{2x^2y}$
$\frac{2}{3}x^2y=\frac{2x^2y}{3}$ → $\frac{3}{2x^2y}$

Point! それぞれの文字や数が分母にくるか分子にくるかをしっかり把握しよう！

確認問題

次の計算をしましょう。

(1) $4xy\times3x$
$=4\times3\times x\times x\times y=12x^2y$

(2) $-5a\times(-a)^2$
$=-5a\times(-a)\times(-a)=-5a^3$

(3) $\frac{1}{3}x\times\left(-\frac{3}{7}xy^2\right)$
$=-\frac{1}{3}\times\frac{3}{7}\times x\times x\times y^2=-\frac{1}{7}x^2y^2$

(4) $18x^3\div(-6x)$
$=-18x^3\times\frac{1}{6x}=-3x^2$

6 乗法と除法の混じった計算 …………………………………… 14・15 ページの解答

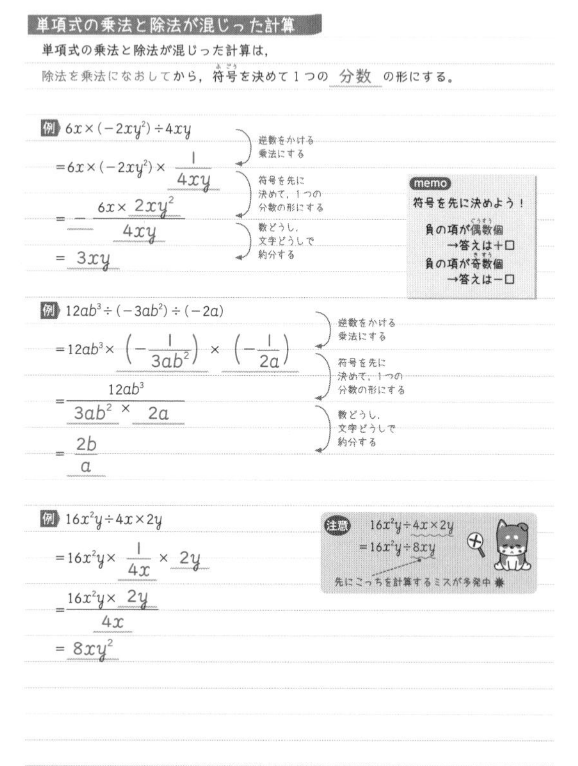

単項式の乗法と除法が混じった計算

単項式の乗法と除法が混じった計算は，除法を乗法になおしてから，符号を決めて1つの 分数 の形にする。

例 $6x\times(-2xy^2)\div4xy$
$=6x\times(-2xy^2)\times\dfrac{1}{4xy}$ 　逆数をかける乗法にする
$=-\dfrac{6x\times2xy^2}{4xy}$ 　符号を先に決めて，1つの分数の形にする
$=3xy$ 　数どうし，文字どうしで約分する

memo 符号を先に決めよう！
負の項が偶数個 →答えは＋□
負の項が奇数個 →答えは－□

例 $12ab^3\div(-3ab^2)\div(-2a)$
$=12ab^3\times\left(-\dfrac{1}{3ab^2}\right)\times\left(-\dfrac{1}{2a}\right)$ 　逆数をかける乗法にする
$=\dfrac{12ab^3}{3ab^2\times2a}$ 　符号を先に決めて，1つの分数の形にする
$=\dfrac{2b}{a}$ 　数どうし，文字どうしで約分する

例 $16x^2y\div4x\times2y$
$=16x^2y\times\dfrac{1}{4x}\times2y$
$=\dfrac{16x^2y\times2y}{4x}$
$=8xy^2$

注意 $16x^2y\div4x\times2y$
$=16x^2y\div8xy$
先にこっちを計算するミスが多発中

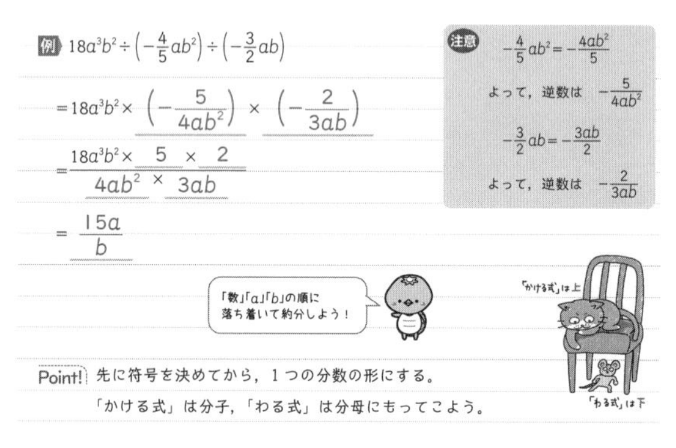

例 $18a^3b^2\div\left(-\frac{4}{5}ab^2\right)\div\left(-\frac{3}{2}ab\right)$
$=18a^3b^2\times\left(-\dfrac{5}{4ab^2}\right)\times\left(-\dfrac{2}{3ab}\right)$
$=\dfrac{18a^3b^2\times5\times2}{4ab^2\times3ab}$
$=\dfrac{15a}{b}$

注意 $-\frac{4}{5}ab^2=-\frac{4ab^2}{5}$
よって，逆数は $-\frac{5}{4ab^2}$
$-\frac{3}{2}ab=-\frac{3ab}{2}$
よって，逆数は $-\frac{2}{3ab}$

Point! 先に符号を決めてから，1つの分数の形にする。
「かける式」は分子，「わる式」は分母にもってこよう。

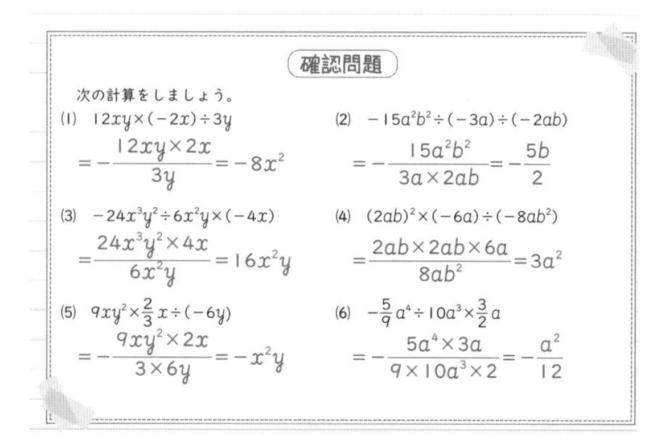

確認問題

次の計算をしましょう。

(1) $12xy\times(-2x)\div3y$
$=-\dfrac{12xy\times2x}{3y}=-8x^2$

(2) $-15a^2b^2\div(-3a)\div(-2ab)$
$=-\dfrac{15a^2b^2}{3a\times2ab}=-\dfrac{5b}{2}$

(3) $-24x^3y^2\div6x^2y\times(-4x)$
$=\dfrac{24x^3y^2\times4x}{6x^2y}=16x^2y$

(4) $(2ab)^2\times(-6a)\div(-8ab^2)$
$=\dfrac{2ab\times2ab\times6a}{8ab^2}=3a^2$

(5) $9xy^2\times\frac{2}{3}x\div(-6y)$
$=-\dfrac{9xy^2\times2x}{3\times6y}=-x^2y$

(6) $-\frac{5}{9}a^4\div10a^3\times\frac{3}{2}a$
$=-\dfrac{5a^4\times3a}{9\times10a^3\times2}=-\dfrac{a^2}{12}$

7 式の値  16・17ページの解答

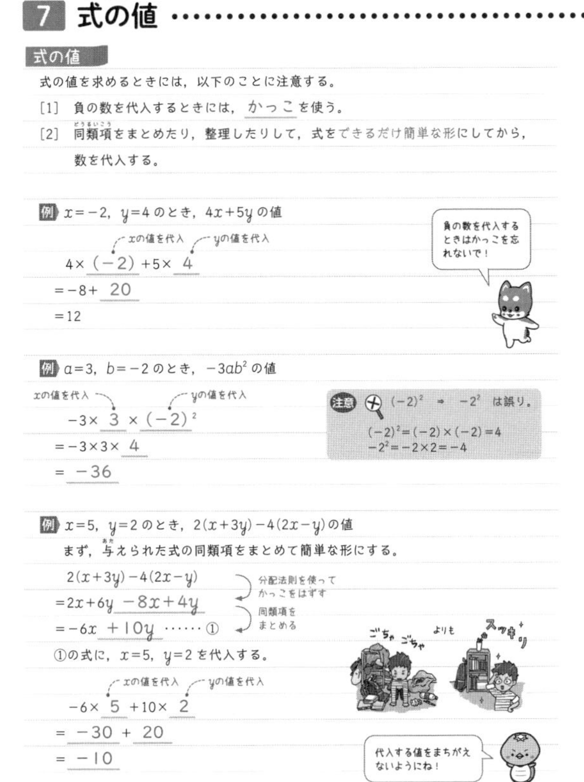

式の値

式の値を求めるときには，以下のことに注意する。

[1]　負の数を代入するときには，かっこを使う。

[2]　同類項をまとめたり，整理したりして，式をできるだけ簡単な形にしてから，数を代入する。

例 $x=-2$，$y=4$ のとき，$4x+5y$ の値

（xの値を代入）（yの値を代入）

$4\times(-2)+5\times4$

$=-8+20$

$=12$

例 $a=3$，$b=-2$ のとき，$-3ab^2$ の値

（xの値を代入）（yの値を代入）

$-3\times3\times(-2)^2$

$=-3\times3\times4$

$=-36$

注意 $(-2)^2 \Rightarrow -2^2$ は誤り。
$(-2)^2=(-2)\times(-2)=4$
$-2^2=-2\times2=-4$

例 $x=5$，$y=2$ のとき，$2(x+3y)-4(2x-y)$ の値

まず，与えられた式の同類項をまとめて簡単な形にする。

$2(x+3y)-4(2x-y)$

$=2x+6y-8x+4y$　（分配法則を使ってかっこをはずす）

$=-6x+10y$ ……①　（同類項をまとめる）

①の式に，$x=5$，$y=2$ を代入する。

（xの値を代入）（yの値を代入）

$-6\times5+10\times2$

$=-30+20$

$=-10$

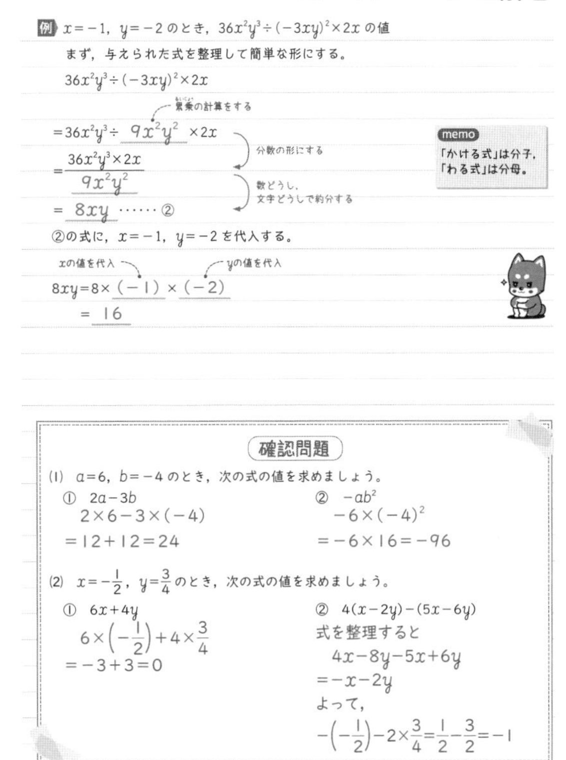

例 $x=-1$，$y=-2$ のとき，$36x^2y^3\div(-3xy)^2\times2x$ の値

まず，与えられた式を整理して簡単な形にする。

$36x^2y^3\div(-3xy)^2\times2x$

（累乗の計算をする）

$=36x^2y^3\div9x^2y^2\times2x$

$=\dfrac{36x^2y^3\times2x}{9x^2y^2}$　（分数の形にする）

$=8xy$ ……②　（数どうし，文字どうしで約分する）

memo 「かける式」は分子，「わる式」は分母。

②の式に，$x=-1$，$y=-2$ を代入する。

（xの値を代入）（yの値を代入）

$8xy=8\times(-1)\times(-2)$

$=16$

確認問題

(1)　$a=6$，$b=-4$ のとき，次の式の値を求めましょう。

①　$2a-3b$
$2\times6-3\times(-4)$
$=12+12=24$

②　$-ab^2$
$-6\times(-4)^2$
$=-6\times16=-96$

(2)　$x=-\dfrac{1}{2}$，$y=\dfrac{3}{4}$ のとき，次の式の値を求めましょう。

①　$6x+4y$
$6\times\left(-\dfrac{1}{2}\right)+4\times\dfrac{3}{4}$
$=-3+3=0$

②　$4(x-2y)-(5x-6y)$
式を整理すると
$4x-8y-5x+6y$
$=-x-2y$
よって，
$-\left(-\dfrac{1}{2}\right)-2\times\dfrac{3}{4}=\dfrac{1}{2}-\dfrac{3}{2}=-1$

8 文字式の利用 …… 18・19ページの解答

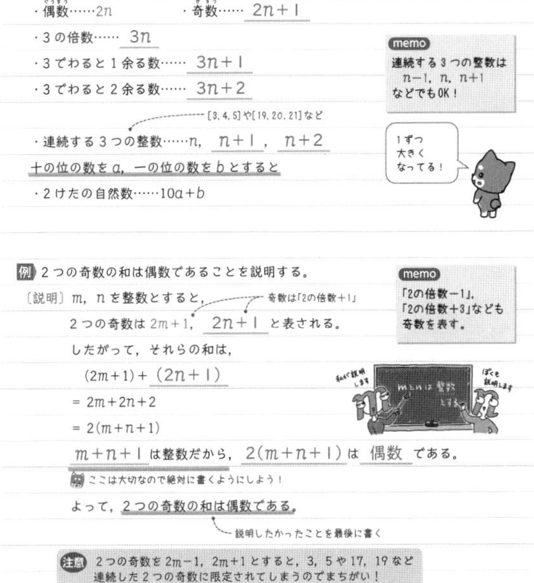

数に関する性質の説明

文字式を利用することで，数に関するいろいろな性質を説明することができる。

●いろいろな整数の表し方

n を整数とすると

・偶数……$2n$　　・奇数……$2n+1$

・3の倍数……$3n$

・3でわると1余る数……$3n+1$

・3でわると2余る数……$3n+2$

・連続する3つの整数……n，$n+1$，$n+2$　（[3, 4, 5]や[19, 20, 21]など）

十の位の数を a，一の位の数を b とすると

・2けたの自然数……$10a+b$

memo 連続する3つの整数は $n-1$，n，$n+1$ などでもOK！

例 2つの奇数の和は偶数であることを説明する。

〔説明〕m，n を整数とすると，

2つの奇数は $2m+1$，$2n+1$ と表される。（奇数は「2の倍数+1」）

したがって，それらの和は，

$(2m+1)+(2n+1)$

$=2m+2n+2$

$=2(m+n+1)$

$m+n+1$ は整数だから，$2(m+n+1)$ は 偶数 である。

ここは大切なので絶対に書くようにしよう！

よって，2つの奇数の和は偶数である。

（説明したかったことを最後に書く）

memo 「2の倍数−1」，「2の倍数+3」なども奇数を表す。

注意 2つの奇数を $2m-1$，$2m+1$ とすると，3，5や17，19など連続した2つの奇数に限定されてしまうのでまちがい！

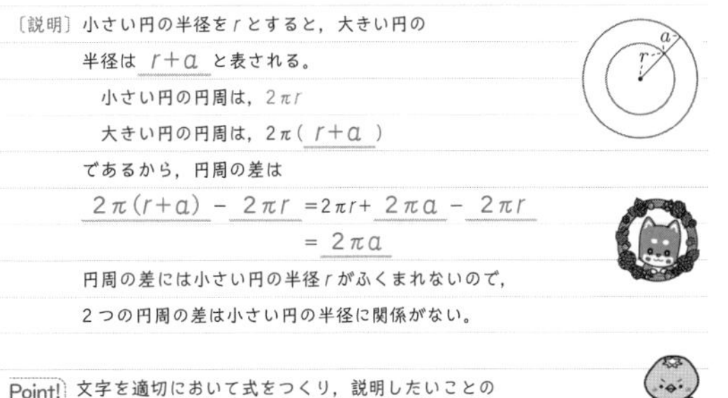

図形に関する性質の説明

文字式を利用することで，図形に関するいろいろな性質を説明することができる。

例 大小2つの円の半径の差が a であるとき，2つの円周の差は小さい円の半径には関係がないことを説明する。

〔説明〕小さい円の半径を r とすると，大きい円の半径は $r+a$ と表される。

小さい円の円周は，$2\pi r$

大きい円の円周は，$2\pi(r+a)$

であるから，円周の差は

$2\pi(r+a)-2\pi r=2\pi r+2\pi a-2\pi r$

$=2\pi a$

円周の差には小さい円の半径 r がふくまれないので，2つの円周の差は小さい円の半径に関係がない。

Point! 文字を適切において式をつくり，説明したいことのゴールを目指して式を整理しよう！

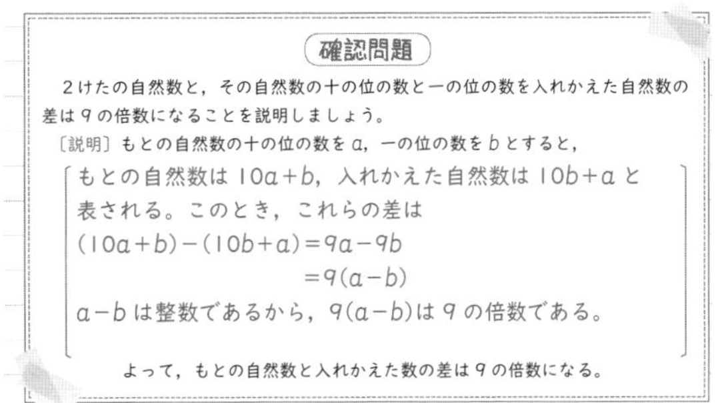

確認問題

2けたの自然数と，その自然数の十の位の数と一の位の数を入れかえた自然数の差は9の倍数になることを説明しましょう。

〔説明〕もとの自然数の十の位の数を a，一の位の数を b とすると，

もとの自然数は $10a+b$，入れかえた自然数は $10b+a$ と表される。このとき，これらの差は

$(10a+b)-(10b+a)=9a-9b$

$=9(a-b)$

$a-b$ は整数であるから，$9(a-b)$ は9の倍数である。

よって，もとの自然数と入れかえた数の差は9の倍数になる。

9 等式の変形 …… 20・21ページの解答

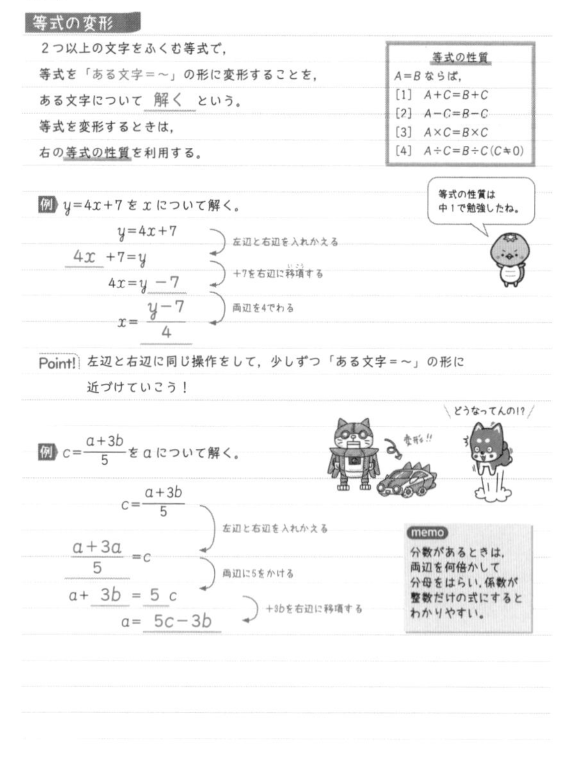
等式の変形

2つ以上の文字をふくむ等式で，
等式を「ある文字＝～」の形に変形することを，
ある文字について 解く という。
等式を変形するときは，
右の等式の性質を利用する。

等式の性質
$A=B$ ならば，
[1] $A+C=B+C$
[2] $A-C=B-C$
[3] $A\times C=B\times C$
[4] $A\div C=B\div C(C\neq 0)$

例 $y=4x+7$ を x について解く。

$y=4x+7$ 　左辺と右辺を入れかえる
$4x+7=y$ 　+7を右辺に移項する
$4x=y-7$ 　両辺を4でわる
$x=\dfrac{y-7}{4}$

Point! 左辺と右辺に同じ操作をして，少しずつ「ある文字＝～」の形に近づけていこう！

例 $c=\dfrac{a+3b}{5}$ を a について解く。

$c=\dfrac{a+3b}{5}$ 　左辺と右辺を入れかえる
$\dfrac{a+3a}{5}=c$ 　両辺に5をかける
$a+3b=5c$ 　+3bを右辺に移項する
$a=5c-3b$

memo
分数があるときは，両辺を何倍かして分母をはらい，係数が整数だけの式にするとわかりやすい。

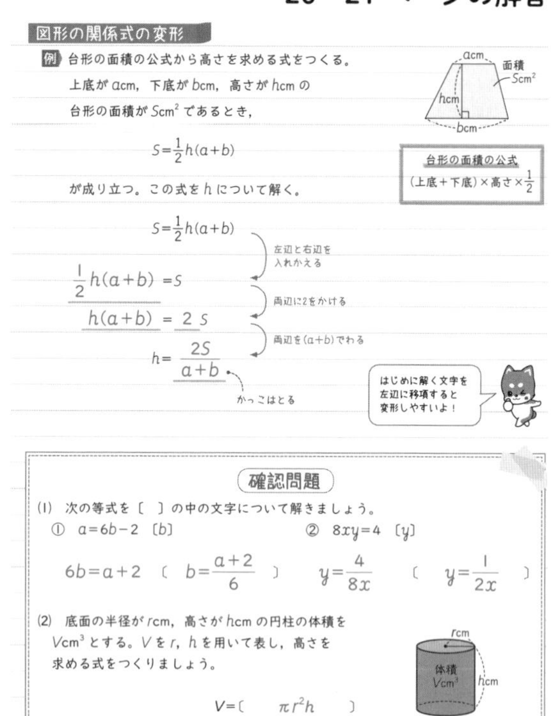
図形の関係式の変形

例 台形の面積の公式から高さを求める式をつくる。
上底が $a$cm，下底が $b$cm，高さが $h$cm の台形の面積が $S\text{cm}^2$ であるとき，

$$S=\frac{1}{2}h(a+b)$$

が成り立つ。この式を h について解く。

台形の面積の公式
(上底＋下底)×高さ×$\frac{1}{2}$

$S=\frac{1}{2}h(a+b)$ 　左辺と右辺を入れかえる
$\frac{1}{2}h(a+b)=S$ 　両辺に2をかける
$h(a+b)=2S$ 　両辺を$(a+b)$でわる
$h=\dfrac{2S}{a+b}$ 　かっこはとる

確認問題
(1) 次の等式を［ ］の中の文字について解きましょう。
① $a=6b-2$ ［b］　② $8xy=4$ ［y］
$6b=a+2$ （ $b=\dfrac{a+2}{6}$ ）　$y=\dfrac{4}{8x}$ （ $y=\dfrac{1}{2x}$ ）

(2) 底面の半径が $r$cm，高さが $h$cm の円柱の体積を $V\text{cm}^3$ とする。V を r，h を用いて表し，高さを求める式をつくりましょう。
$V=$（ πr^2h ）
高さを求める式（ $h=\dfrac{V}{\pi r^2}$ ）

解説 第1章 9 等式の変形

確認問題

(1)①
$$a=6b-2$$
$$6b-2=a$$
$$6b=a+2$$
$$b=\frac{a+2}{6}$$
両辺を入れかえる
−2 を移項する
両辺を 6 でわる

②
$$8xy=4$$
$$y=\frac{4}{8x}$$
$$y=\frac{1}{2x}$$
両辺を $8x$ でわる
右辺を約分する

(2) 円柱の体積は，(底面積)×(高さ)で求められる。この円柱の底面積は $\pi r^2\text{cm}^2$ と表せる。
よって，
$$V=\pi r^2h$$
$$\pi r^2h=V$$
$$h=\frac{V}{\pi r^2}$$

図形の関係式を表す場合は，はじめに面積や体積の公式にあてはめた式をつくって，それから「ある文字＝～」の形に変形するとよい。

式の計算のまとめ

- 多項式と数の乗法は，分配法則を使って計算する。$2(x+3y)=2\times x+2\times 3y=2x+6y$
- 多項式と数の除法は，わる数の逆数をかける乗法になおして計算する。
$$(8x-4y)\div 4=(8x-4y)\times\frac{1}{4}=2x-y$$
- 単項式の乗法は，係数の積に文字の積をかける。$3x\times 5y=3\times 5\times x\times y=15xy$
- 単項式の除法は，わる数や文字の逆数をかける乗法になおして分数の形にして計算する。
$$16ab\div 4a=16ab\times\frac{1}{4a}=\frac{16\times a\times b}{4\times a}=4b$$
- 式の変形の手順
  ①ある文字が右辺にある場合は，はじめにその文字を左辺にもってくると式の変形がしやすい。
  ②分数がある場合は，分母を両辺にかけて整数の式にする。
  ③ある文字にかかっている係数の逆数をかける。

1 加減法 ………………………………………… 22・23ページの解答

連立方程式

●2元1次方程式

2つの 文字 をふくむ1次方程式を2元1次方程式という。

例 $2x+3y=12$，$-8a+3b=4$ など

2元1次方程式を成り立たせる2つの文字の組を，

その方程式の 解 という。

例 $3x+2y=12$……① を成り立たせる文字の値の組

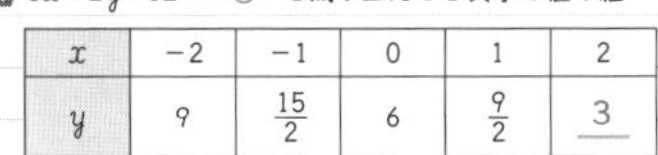

x	-2	-1	0	1	2
y	9	$\frac{15}{2}$	6	$\frac{9}{2}$	3

$x=2$ のときの y の値を考えてみよう！

①の式に $x=2$ を代入して，y について解くと，

$3\times 2+2y=12$（xに値を代入）

$y=3$（$y=$～の形にする）

memo 2元1次方程式を成り立たせる解はたくさんある。

●連立方程式

方程式をいくつか組にしたものを 連立方程式 という。

それらのどの方程式も成り立たせる文字の値の組を連立方程式の 解 ，

その解を求めることを連立方程式を 解く という。

加減法

連立方程式の2つの式の左辺どうし，右辺どうしを，それぞれたしたり，

ひいたりして，1つの文字を消去して解く方法を 加減法 という。

◎どちらかの文字の係数の絶対値が等しければ，

そのまま2つの式をたしたり，ひいたりして文字が消去できる。

◎どちらの文字も係数の絶対値が異なるときは，式の両辺を何倍かして，

どちらかの文字の係数の 絶対値 をそろえる。

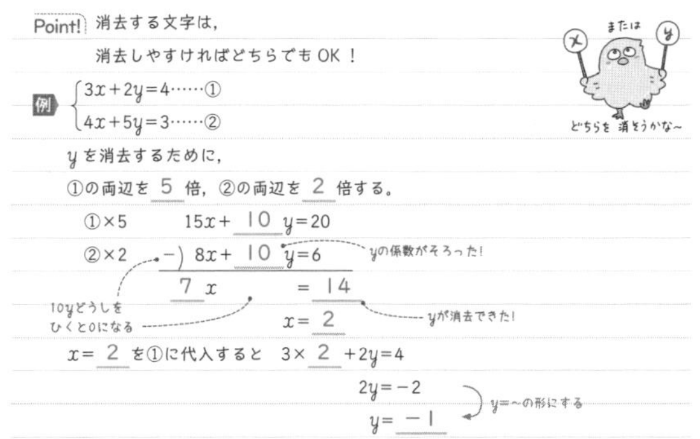

Point! 消去する文字は，

消去しやすければどちらでもOK！

例 $\begin{cases}3x+2y=4 \cdots\cdots ①\\ 4x+5y=3 \cdots\cdots ②\end{cases}$

y を消去するために，

①の両辺を 5 倍，②の両辺を 2 倍する。

①×5　$15x+10y=20$

②×2　$-)\ 8x+10y=6$（yの係数がそろった！）

$7x\quad = 14$（$10y$どうしをひくと0になる）（yが消去できた！）

$x=2$

$x=2$ を①に代入すると $3\times 2+2y=4$

$2y=-2$

$y=-1$（$y=$～の形にする）

解は，$x=2$，$y=-1$

注意 文字の値を代入するときは，何倍かする前の元の式に代入する。

確認問題

次の連立方程式を加減法で解きましょう。

(1) $\begin{cases}3x+2y=4 \cdots\cdots ①\\ 5x+2y=8 \cdots\cdots ②\end{cases}$

①−②　$-2x=-4$　$x=2$

①より　$3\times2+2y=4$　$2y=-2$

〔 $x=2$，$y=-1$ 〕

(2) $\begin{cases}4x+y=7 \cdots\cdots ①\\ 2x-y=-1 \cdots\cdots ②\end{cases}$

①+②　$6x=6$　$x=1$

②より　$2\times1-y=-1$　$-y=-3$

〔 $x=1$，$y=3$ 〕

(3) $\begin{cases}4x+3y=1 \cdots\cdots ①\\ -x+y=5 \cdots\cdots ②\end{cases}$

①−②×3　$7x=-14$　$x=-2$

②より　$-(-2)+y=5$　$y=5-2$

〔 $x=-2$，$y=3$ 〕

(4) $\begin{cases}-2x+3y=-4 \cdots\cdots ①\\ 3x-4y=5 \cdots\cdots ②\end{cases}$

①×3+②×2　$y=-2$

①より　$-2x+3\times(-2)=-4$

〔 $x=-1$，$y=-2$ 〕

2 代入法 ………………………………………… 24・25ページの解答

代入法

「ある文字＝～」の形の式を他方の式に代入し，1つの文字を消去して

連立方程式を解く方法を 代入法 という。

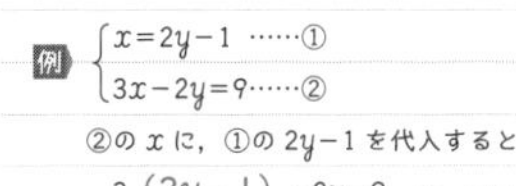

例 $\begin{cases}x=2y-1 \cdots\cdots ①\\ 3x-2y=9 \cdots\cdots ②\end{cases}$

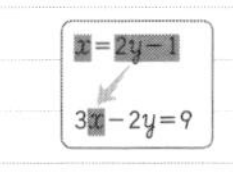

②の x に，①の $2y-1$ を代入すると

$3(2y-1)-2y=9$（分配法則を使ってかっこをはずす）

$6y-3-2y=9$

$4y=12$

$y=3$（$y=$～の形にする）

注意 式を代入するときは，必ずかっこをつけること。

$y=3$ を①に代入すると

$x=2\times3-1$

$=5$

解は，$x=5$，$y=3$

分配法則では，後ろの項にもかけることを忘れないで！

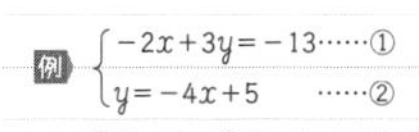

例 $\begin{cases}-2x+3y=-13 \cdots\cdots ①\\ y=-4x+5 \quad \cdots\cdots ②\end{cases}$

$-2x+3y=-13$ / $y=-4x+5$

①の y に，②の $-4x+5$ を代入すると

$-2x+3(-4x+5)=-13$（分配法則を使ってかっこをはずす）

$-2x-12x+15=-13$

$-14x=-28$

$x=2$（$x=$～の形にする）

$x=2$ を②に代入すると

$y=-4\times2+5$

$=-3$

解は，$x=2$，$y=-3$

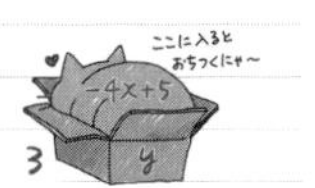

式を変形して代入法を用いる解き方

「ある文字＝～」の形の式がないときでも，片方の式を「ある文字＝～」の形に

変形してから，代入法を用いることができる。

例 $\begin{cases}5x+y=3 \cdots\cdots ①\\ 3x-2y=7 \cdots\cdots ②\end{cases}$

①を $y=$～の形に変形する（y について解く）と

$y=-5x+3$……③

memo この場合は，①を変形した③に x の値を代入した方が計算が簡単。

②の y に③の $-5x+3$ を代入すると

$3x-2(-5x+3)=7$（分配法則を使ってかっこをはずす）

$3x+10x-6=7$

$13x=13$

$x=1$（$x=$～の形にする）

$x=1$ を③に代入すると $y=-5\times1+3$

$=-2$

解は，$x=1$，$y=-2$

Point! 加減法，代入法のどちらが計算しやすいかを見極めて解こう。

確認問題

次の連立方程式を代入法で解きましょう。

(1) $\begin{cases}5x+2y=-8 \cdots\cdots ①\\ y=3x+7 \quad \cdots\cdots ②\end{cases}$

①に②を代入

$5x+2(3x+7)=-8$　$11x=-22$

〔 $x=-2$，$y=1$ 〕

(2) $\begin{cases}x=2y-4 \quad \cdots\cdots ①\\ 4x-3y=4 \cdots\cdots ②\end{cases}$

②に①を代入

$4(2y-4)-3y=4$　$5y=20$

〔 $x=4$，$y=4$ 〕

(3) $\begin{cases}3x-5y=1 \quad \cdots\cdots ①\\ -2x+y=4 \cdots\cdots ②\end{cases}$

②より $y=2x+4$　これを①に代入

$3x-5(2x+4)=1$　$-7x=21$

〔 $x=-3$，$y=-2$ 〕

(4) $\begin{cases}x+7y=-2 \cdots\cdots ①\\ 2x+9y=1 \quad \cdots\cdots ②\end{cases}$

①より $x=-7y-2$　これを②に代入

$2(-7y-2)+9y=1$　$-5y=5$

〔 $x=5$，$y=-1$ 〕

3 分数や小数のある連立方程式 …… 26・27 ページの解答

係数に分数がある連立方程式の解き方

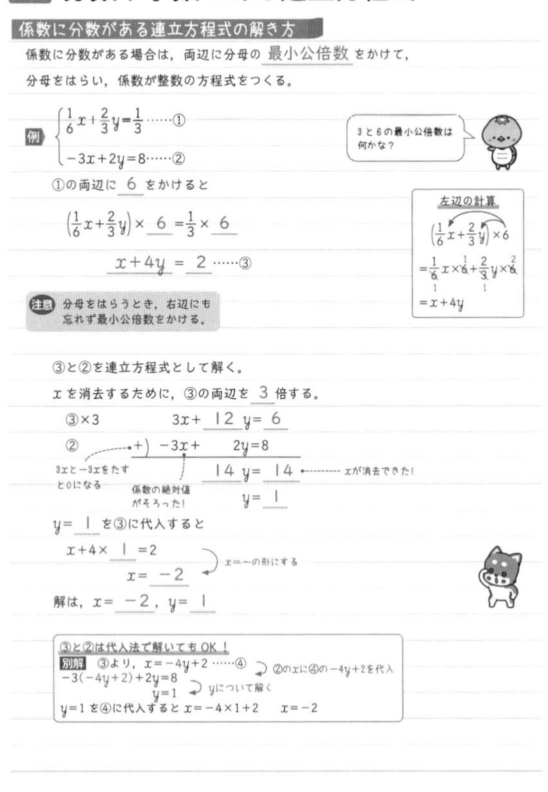

係数に分数がある場合は，両辺に分母の 最小公倍数 をかけて，

分母をはらい，係数が整数の方程式をつくる。

例 $\begin{cases} \frac{1}{6}x+\frac{2}{3}y=\frac{1}{3} \cdots\cdots ① \\ -3x+2y=8 \cdots\cdots ② \end{cases}$

①の両辺に 6 をかけると

$\left(\frac{1}{6}x+\frac{2}{3}y\right)\times 6=\frac{1}{3}\times 6$

$x+4y=2 \cdots\cdots ③$

左辺の計算

$\left(\frac{1}{6}x+\frac{2}{3}y\right)\times 6$

$=\frac{1}{6}x\times 6+\frac{2}{3}y\times 6$

$=x+4y$

注意 分母をはらうとき，右辺にも忘れず最小公倍数をかける。

③と②を連立方程式として解く。

x を消去するために，③の両辺を 3 倍する。

③×3　$3x+12y=6$

② +)　$-3x+2y=8$

$14y=14$

$y=1$

3x と −3x をたすと 0 になる

係数の絶対値がそろった！

x が消去できた！

$y=1$ を③に代入すると

$x+4\times 1=2$

$x=-2$

x=〜の形にする

解は，$x=-2$，$y=1$

③と②は代入法で解いても OK！

別解 ③より，$x=-4y+2 \cdots\cdots ④$

$-3(-4y+2)+2y=8$　②のxに④の $-4y+2$ を代入

$y=1$　yについて解く

$y=1$ を④に代入すると $x=-4\times1+2$　$x=-2$

係数に小数がある連立方程式の解き方

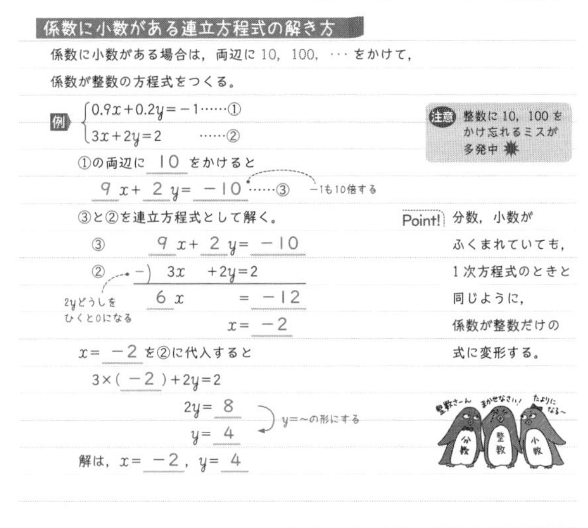

係数に小数がある場合は，両辺に 10，100，… をかけて，

係数が整数の方程式をつくる。

例 $\begin{cases} 0.9x+0.2y=-1 \cdots\cdots ① \\ 3x+2y=2 \cdots\cdots ② \end{cases}$

注意 整数に 10，100 をかけ忘れるミスが多発中

①の両辺に 10 をかけると

$9x+2y=-10 \cdots\cdots ③$　−1も10倍する

③と②を連立方程式として解く。

③　$9x+2y=-10$

② −)　$3x+2y=2$

$6x=-12$

$x=-2$

2y どうしをひくと 0 になる

Point! 分数，小数がふくまれていても，1次方程式のときと同じように，係数が整数だけの式に変形する。

$x=-2$ を②に代入すると

$3\times(-2)+2y=2$

$2y=8$

$y=4$

y=〜の形にする

解は，$x=-2$，$y=4$

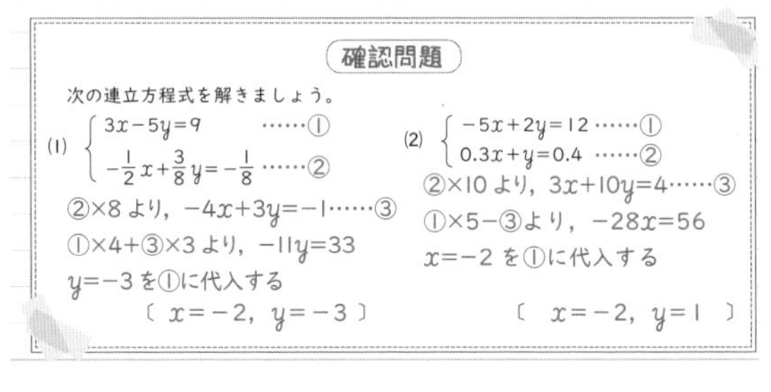

確認問題

次の連立方程式を解きましょう。

(1) $\begin{cases} 3x-5y=9 \cdots\cdots ① \\ -\frac{1}{2}x+\frac{3}{8}y=-\frac{1}{8} \cdots\cdots ② \end{cases}$

②×8 より，$-4x+3y=-1 \cdots\cdots ③$

①×4+③×3 より，$-11y=33$

$y=-3$ を①に代入する

〔 $x=-2$，$y=-3$ 〕

(2) $\begin{cases} -5x+2y=12 \cdots\cdots ① \\ 0.3x+y=0.4 \cdots\cdots ② \end{cases}$

②×10 より，$3x+10y=4 \cdots\cdots ③$

①×5−③より，$-28x=56$

$x=-2$ を①に代入する

〔 $x=-2$，$y=1$ 〕

4 いろいろな連立方程式 …… 28・29 ページの解答

かっこのある連立方程式の解き方

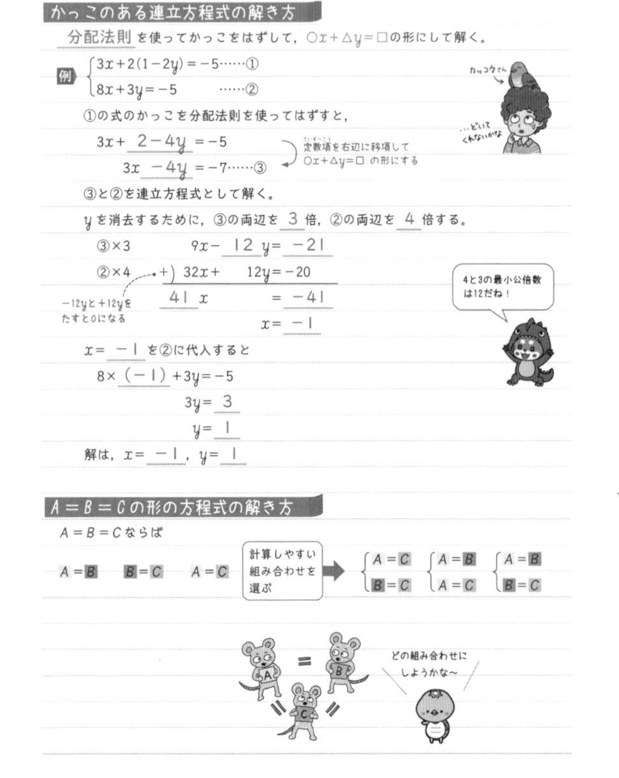

分配法則 を使ってかっこをはずして，$○x+△y=□$ の形にして解く。

例 $\begin{cases} 3x+2(1-2y)=-5 \cdots\cdots ① \\ 8x+3y=-5 \cdots\cdots ② \end{cases}$

①の式のかっこを分配法則を使ってはずすと，

$3x+2-4y=-5$

$3x-4y=-7 \cdots\cdots ③$

定数項を右辺に移項して $○x+△y=□$ の形にする

③と②を連立方程式として解く。

y を消去するために，③の両辺を 3 倍，②の両辺を 4 倍する。

③×3　$9x-12y=-21$

②×4 +)　$32x+12y=-20$

$41x=-41$

$x=-1$

−12y と +12y をたすと 0 になる

$x=-1$ を②に代入すると

$8\times(-1)+3y=-5$

$3y=3$

$y=1$

解は，$x=-1$，$y=1$

A＝B＝C の形の方程式の解き方

A＝B＝C ならば

A＝B　B＝C　A＝C　→ 計算しやすい組み合わせを選ぶ → $\begin{cases} A=C \\ B=C \end{cases}$　$\begin{cases} A=B \\ A=C \end{cases}$　$\begin{cases} A=B \\ B=C \end{cases}$

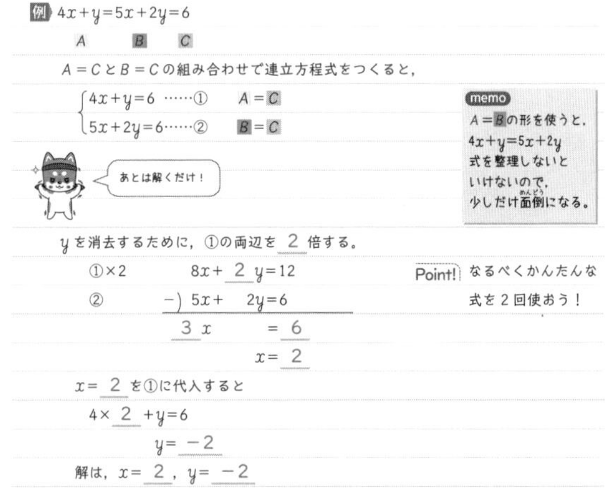

例 $4x+y=5x+2y=6$

A　B　C

A＝C と B＝C の組み合わせで連立方程式をつくると，

$\begin{cases} 4x+y=6 \cdots\cdots ① \\ 5x+2y=6 \cdots\cdots ② \end{cases}$　A＝C　B＝C

memo A＝B の形を使うと，$4x+y=5x+2y$ 式を整理しないといけないので，少しだけ面倒になる。

y を消去するために，①の両辺を 2 倍する。

①×2　$8x+2y=12$

② −)　$5x+2y=6$

$3x=6$

$x=2$

Point! なるべくかんたんな式を2回使おう！

$x=2$ を①に代入すると

$4\times 2+y=6$

$y=-2$

解は，$x=2$，$y=-2$

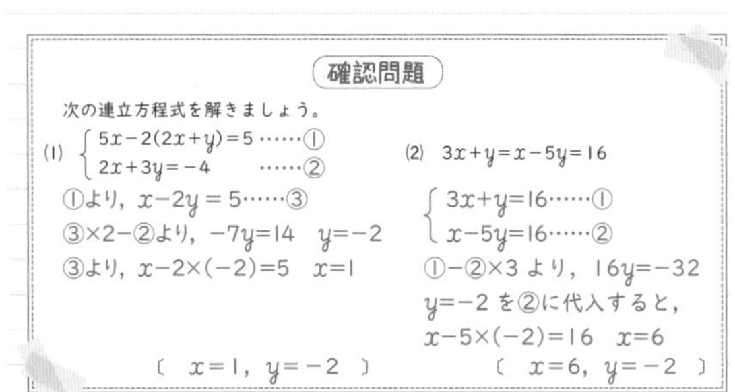

確認問題

次の連立方程式を解きましょう。

(1) $\begin{cases} 5x-2(2x+y)=5 \cdots\cdots ① \\ 2x+3y=-4 \cdots\cdots ② \end{cases}$

①より，$x-2y=5 \cdots\cdots ③$

③×2−②より，$-7y=14$　$y=-2$

③より，$x-2\times(-2)=5$　$x=1$

〔 $x=1$，$y=-2$ 〕

(2) $3x+y=x-5y=16$

$\begin{cases} 3x+y=16 \cdots\cdots ① \\ x-5y=16 \cdots\cdots ② \end{cases}$

①−②×3 より，$16y=-32$

$y=-2$ を②に代入すると，

$x-5\times(-2)=16$　$x=6$

〔 $x=6$，$y=-2$ 〕

5 連立方程式の利用① …………………………………… 30・31ページの解答

連立方程式の文章題の解法

手順 [1] わからない2つの数量を文字でおく。
[2] 等しい数量を見つけて，2つの方程式をつくる。
[3] 連立方程式を解き，解を求める。
[4] 解が問題に適しているかを確かめる。

個数と代金に関する問題

Point! (代金)＝(1個の値段)×(個数)

例 鉛筆(えんぴつ)3本とボールペン5本の代金の合計は810円，
鉛筆8本とボールペン4本の代金の合計は1040円である。
鉛筆とボールペンの1本の値段をそれぞれ求める。

条件1 (鉛筆3本の代金)＋(ボールペン5本の代金)＝810(円)

条件2 (鉛筆8本の代金)＋(ボールペン4本の代金)＝1040(円)

鉛筆1本の値段をx円，ボールペン1本の値段をy円とすると

$$\begin{cases} 3x+5y=810 & \cdots\cdots① \\ 8x+4y=1040 & \cdots\cdots② \end{cases}$$

←条件1より
←条件2より

②の両辺を4でわって簡単にすると

$2x+y=260$ ……③

③を$y=$～の形にして，①に代入してもOK！

①－③×5より，$-7x=-490$

$x=70$

$x=70$を③に代入すると，$2\times70+y=260$

$y=120$

これらは問題に適している。

xとyが自然数の解かどうか，きちんとチェックしたことをアピール！

よって，鉛筆1本 70 円，ボールペン1本 120 円

注意 値段や個数，人数などは負の数や分数にならない。

個数と重さに関する問題

例 1個40gのゴルフボールと1個140gの野球ボールが
あわせて20個あり，この重さをはかると合計1600gだった。
ゴルフボールと野球ボールの個数をそれぞれ求める。

条件1 (ゴルフボールの個数)＋(野球ボールの個数)＝20(個)

条件2 (ゴルフボールの重さ)＋(野球ボールの重さ)＝1600(g)

ゴルフボールの個数をx個，野球ボールの個数をy個とすると

$$\begin{cases} x+y=20 & \cdots\cdots① \\ 40x+140y=1600 & \cdots\cdots② \end{cases}$$

←条件1より
←条件2より

何をx，yとするかをはじめに書いてね！

②の両辺を20でわって簡単にすると

$2x+7y=80$ ……③

①×7－③より，$5x=60$

$x=12$

$x=12$を①に代入すると，$12+y=20$

$y=8$

これらは問題に適している。

よって，ゴルフボール 12 個，野球ボール 8 個

確認問題

A動物園の大人の入園料は，子どもの入園料よりも250円高いです。ある日の大人の入園者数は340人，子どもの入園者数は460人で，入園料の合計は36万5千円でした。この動物園の大人1人と子ども1人の入園料をそれぞれ求めましょう。

大人の入園料をx円，
子どもの入園料をy円とすると，

$$\begin{cases} x-y=250 & \cdots\cdots① \\ 340x+460y=365000 & \cdots\cdots② \end{cases}$$

①×340－②より，
$-800y=-280000$ $y=350$
$y=350$を①に代入して，
$x-350=250$ $x=600$
これらは問題に適している。

大人〔 600円 〕 子ども〔 350円 〕

解説 第2章 5 連立方程式の利用①

確認問題

《連立方程式の文章題の解法の手順》

1 わからない2つの数量を文字でおく。
2 等しい数量を見つけて，方程式を2つつくる。
3 2つの方程式を連立方程式として解く。
4 解が問題に適しているかを検討する。

大人の入園料をx円，
子どもの入園料をy円とすると 1

$$\begin{cases} x-y=250 & \cdots\cdots① \\ 340x+460y=365000 & \cdots\cdots② \end{cases}$$ 2

①×340－②より，$y=350$
$y=350$を①に代入して，
$x-350=250$ $x=600$ 3
これらは問題に適している。 4

連立方程式は，その形によって，加減法，代入法のいずれか解きやすい方で解こう！

連立方程式のまとめ

● 連立方程式を解く方法には加減法と代入法がある。

加減法…左辺どうし，右辺どうしをそれぞれたしたり，ひいたりして解く方法

代入法…「ある文字＝～」の形の式を他方の式に代入して解く方法

● 係数に分数や小数がある場合は，係数を整数にしてから解く。

$0.9x+0.2y=-1$
⬇ 両辺を10倍
$9x+2y=-10$

● かっこがある場合は，かっこをはずしてから解く。

● $A=B=C$の形の場合は，$A=B$，$A=C$，$B=C$のうち，計算しやすい2つを使って解く。

$$4x+y=5x+2y=6 \Rightarrow \begin{cases} 4x+y=6 \\ 5x+2y=6 \end{cases}$$

6 連立方程式の利用② ……………… 32・33ページの解答

速さに関する問題

Point! （時間）$=\dfrac{(\text{道のり})}{(\text{速さ})}$　（道のり）＝（速さ）×（時間）　（速さ）$=\dfrac{(\text{道のり})}{(\text{時間})}$

例 Aさんは家から2400 m離れた図書館まで歩いて出かけた。
家からP地点までは分速50 mで，P地点から図書館までは分速80 mで歩いたところ，出発してから36分後に図書館に着いた。家からP地点，P地点から図書館までの道のりをそれぞれ求める。

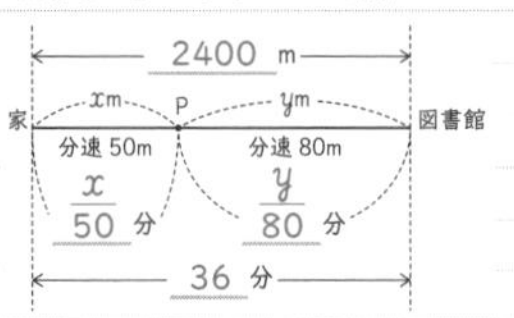

条件1 （家からP地点の道のり）＋（P地点から図書館の道のり）＝2400（m）
条件2 （家からP地点の時間）＋（P地点から図書館の時間）＝36（分）

家からP地点までの道のりをxm，P地点から図書館までの道のりをymとすると

$$\begin{cases} x+y=2400 \cdots\cdots① & \leftarrow \text{条件1より} \\ \dfrac{x}{50}+\dfrac{y}{80}=36 \cdots\cdots② & \leftarrow \text{条件2より} \end{cases}$$

②の両辺に400をかけて簡単にすると

$8x+5y=14400$ ……③

①×5−③より，$-3x=-2400$

$x=800$

$x=800$を①に代入すると，$800+y=2400$

$y=1600$

これらは問題に適している。

よって，家からP地点まで 800 m，P地点から図書館まで 1600 m

2けたの自然数の問題

Point! 十の位の数をa，一の位の数をbとすると2けたの自然数は$10a+b$

例 2けたの自然数がある。各位の数の和は13で，一の位の数と十の位の数を入れかえてできる数はもとの数よりも27小さくなる。
もとの自然数を求める。

条件1 （十の位の数）＋（一の位の数）＝13
条件2 （もとの数）−（入れかえた数）＝27

各位を入れかえてできる数は $10b+a$

十の位の数をa，一の位の数をbとすると

$$\begin{cases} a+b=13 \cdots\cdots① & \leftarrow \text{条件1より} \\ (10a+b)-(10b+a)=27 \cdots\cdots② & \leftarrow \text{条件2より} \end{cases}$$

②のかっこをはずし，両辺を9でわって簡単にすると

$a-b=3$……③

①＋③より，$2a=16$

$a=8$

$a=8$を①に代入すると，$8+b=13$

$b=5$

これらは問題に適している。← $1\leqq a\leqq 9$，$0\leqq b\leqq 9$の整数になっている

よって，もとの自然数は 85

そっちの部屋は どうかな？ Change! こっちの部屋も ステキ！

確認問題

Sさんは A市から190km離れたB市まで車で出かけました。P地点までは時速50kmで，P地点からは高速道路を使い時速90kmで走ったところ，2時間28分かかりました。A市からP地点，P地点からB市までの道のりをそれぞれ求めましょう。

A市からP地点までを$x$km，P地点からB市までを$y$kmとすると，

$$\begin{cases} x+y=190 \\ \dfrac{x}{50}+\dfrac{y}{90}=\dfrac{148}{60} \end{cases}$$

これを解いて，$x=40$，$y=150$
これらは問題に適している。

A市からP地点までの道のり〔 40km 〕
P地点からB市までの道のり〔 150km 〕

解説 第2章 6 連立方程式の利用②

確認問題

A市からP地点までを$x$km，P地点からB市までを$y$kmとすると，　1

$$\begin{cases} x+y=190 & \cdots\cdots① \\ \dfrac{x}{50}+\dfrac{y}{90}=\dfrac{148}{60} & \cdots\cdots② \end{cases}$$　2

②×900　　$18x+10y=2220$
①×10　−）$10x+10y=1900$
②−①より，　$8x=320$　　$x=40$

$x=40$を①に代入して，

$40+y=190$　$y=150$　3

これらは問題に適している。　4

4の「解の検討」をすることで，式のまちがいや計算ミスに気づくことがある。

➡個数や代金，人数を求める場合は，解が自然数（正の整数）になっているか確認する。

➡重さや長さなどを求める場合は，小数や分数になることもあるので，正の数になればよい。

連立方程式のまとめ

★速さに関する連立方程式の文章題では，図をかいて数量の関係を整理するとよい。

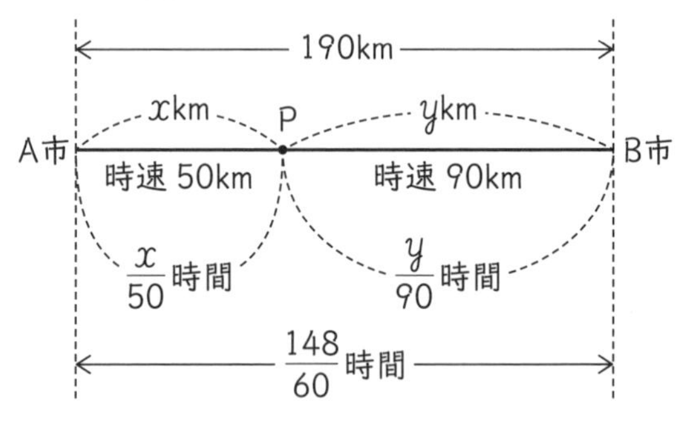

● 2けたの自然数の文章題

十の位の数をa，一の位の数をbとする2けたの自然数は，$10a+b$と表される。

・十の位と一の位を入れかえてできる数は$10b+a$と表される。

・その他，条件の例

「各位の数の和は12である。」➡$a+b=12$

「十の位の数は，一の位の数の3倍より5小さい。」➡$a=3b-5$

1　1次関数の式 ……………………………… 34・35ページの解答

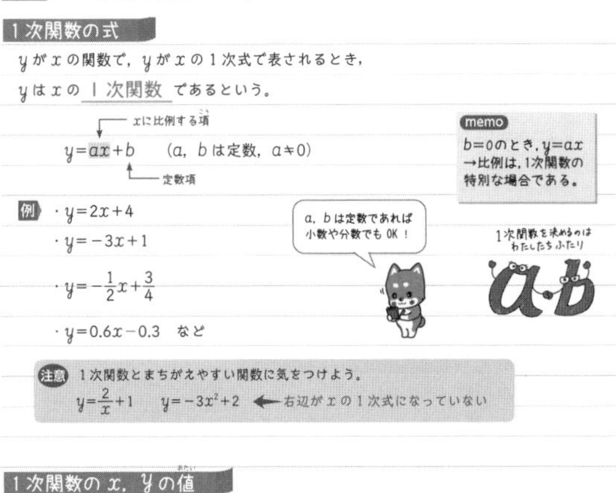

1次関数の式

y が x の関数で，y が x の1次式で表されるとき，
y は x の 1次関数 であるという。

$y=ax+b$　（a，b は定数，$a\neq0$）
（ax：x に比例する項，b：定数項）

memo
$b=0$ のとき，$y=ax$
→比例は，1次関数の特別な場合である。

例 ・$y=2x+4$
・$y=-3x+1$
・$y=-\frac{1}{2}x+\frac{3}{4}$
・$y=0.6x-0.3$　など

注意　1次関数とまちがえやすい関数に気をつけよう。
$y=\frac{2}{x}+1$　$y=-3x^2+2$ ←右辺が x の1次式になっていない

1次関数の x，y の値

1次関数 $y=2x-1$ について，x と y の値を表に表すと下のようになる。

x	…	-3	-2	-1	0	1	2	3	…
y	…	-7	-5	-3	-1	1	3	5	…

$x=-2$ のときの y の値は，
$y=2\times(-2)-1=-5$
（$x=-2$ を代入）

$y=3$ のときの x の値は，
$3=2x-1$
$x=2$
（$y=3$ を代入）

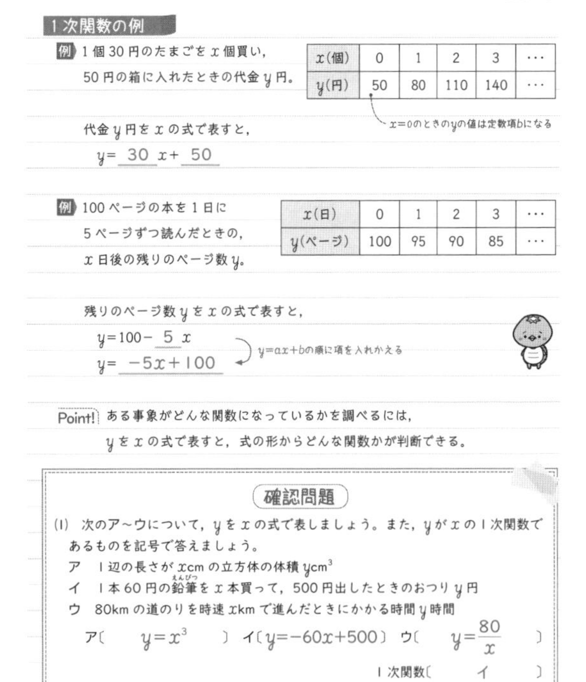

1次関数の例

例 1個30円のたまごを x 個買い，50円の箱に入れたときの代金 y 円。

x(個)	0	1	2	3	…
y(円)	50	80	110	140	…

$x=0$ のときの y の値は定数項 b になる

代金 y 円を x の式で表すと，
$y=30x+50$

例 100ページの本を1日に5ページずつ読んだときの，x 日後の残りのページ数 y。

x(日)	0	1	2	3	…
y(ページ)	100	95	90	85	…

残りのページ数 y を x の式で表すと，
$y=100-5x$
$y=-5x+100$
（$y=ax+b$ の順に項を入れかえる）

Point!　ある事象がどんな関数になっているかを調べるには，
y を x の式で表すと，式の形からどんな関数かが判断できる。

確認問題

(1) 次のア〜ウについて，y を x の式で表しましょう。また，y が x の1次関数であるものを記号で答えましょう。
ア　1辺の長さが $x$cm の立方体の体積 $y$cm³
イ　1本60円の鉛筆(えんぴつ)を x 本買って，500円出したときのおつり y 円
ウ　80km の道のりを時速 $x$km で進んだときにかかる時間 y 時間

ア〔 $y=x^3$ 〕　イ〔 $y=-60x+500$ 〕　ウ〔 $y=\frac{80}{x}$ 〕
1次関数〔 イ 〕

(2) 1次関数 $y=-4x+3$ について，$x=2$ のときの y の値を求めましょう。
$y=-4\times2+3=-8+3=-5$　〔 -5 〕

2　変化の割合 ……………………………… 36・37ページの解答

1次関数の増加と減少

1次関数 $y=ax+b$ において，
$a>0$ のとき　x の値(あたい)が増加するにつれて，y の値は 増加 する。
$a<0$ のとき　x の値が増加するにつれて，y の値は 減少 する。

例 $y=-3x+5$ において，x が増加するにつれて，y の値は 減少 する。

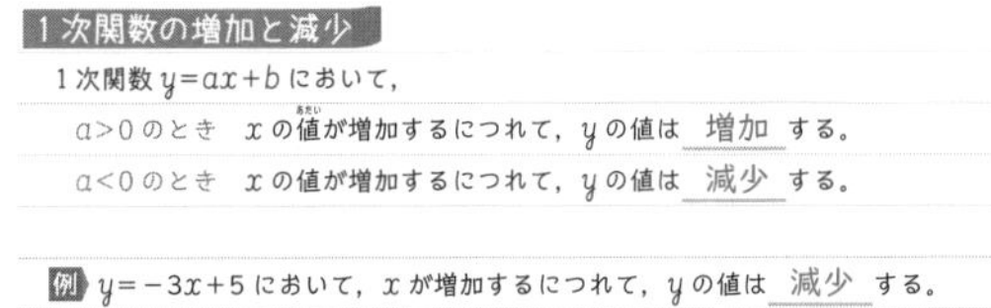

変化の割合

（変化の割合）$=\frac{(y\text{の増加量})}{(x\text{の増加量})}$

1次関数 $y=ax+b$ の変化の割合は，一定 で a に等しい。

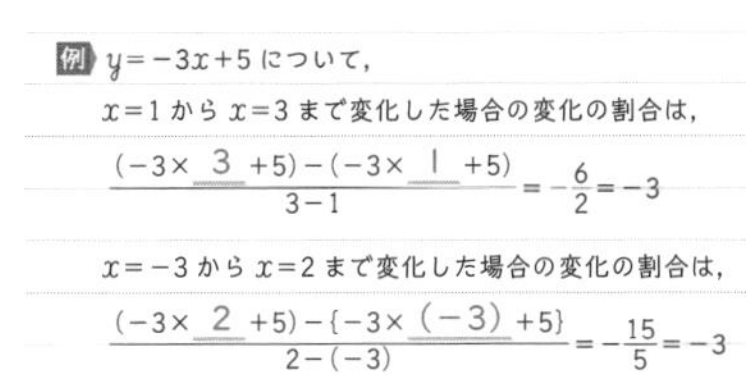

例 $y=-3x+5$ について，
$x=1$ から $x=3$ まで変化した場合の変化の割合は，
$\frac{(-3\times3+5)-(-3\times1+5)}{3-1}=-\frac{6}{2}=-3$

$x=-3$ から $x=2$ まで変化した場合の変化の割合は，
$\frac{(-3\times2+5)-\{-3\times(-3)+5\}}{2-(-3)}=-\frac{15}{5}=-3$

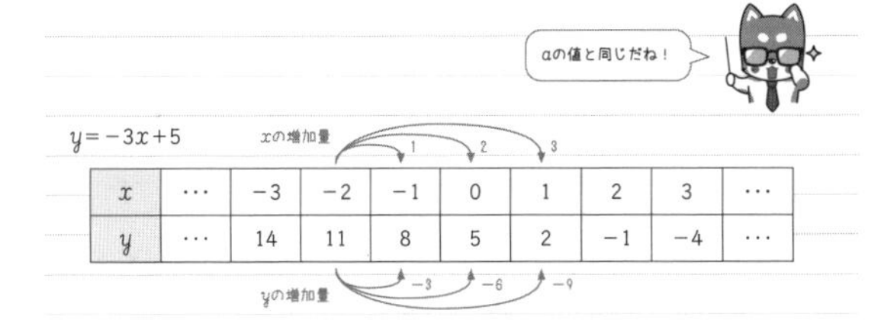

$y=-3x+5$

x	…	-3	-2	-1	0	1	2	3	…
y	…	14	11	8	5	2	-1	-4	…

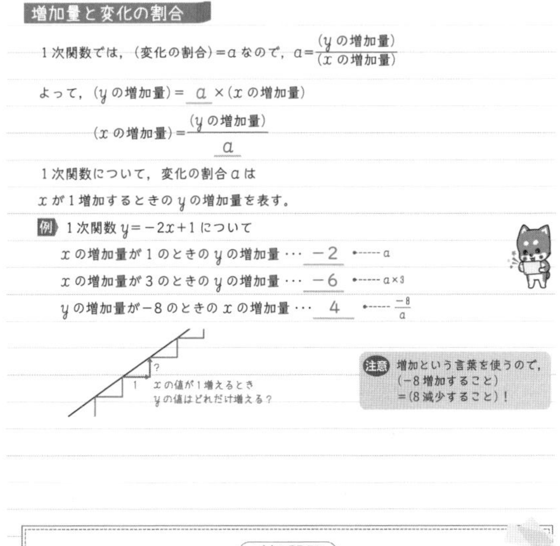

増加量と変化の割合

1次関数では，（変化の割合）$=a$ なので，$a=\frac{(y\text{の増加量})}{(x\text{の増加量})}$

よって，（y の増加量）$=a\times$（x の増加量）

（x の増加量）$=\frac{(y\text{の増加量})}{a}$

1次関数について，変化の割合 a は
x が1増加するときの y の増加量を表す。

例 1次関数 $y=-2x+1$ について
x の増加量が1のときの y の増加量 … -2 ← a
x の増加量が3のときの y の増加量 … -6 ← $a\times3$
y の増加量が -8 のときの x の増加量 … 4 ← $\frac{-8}{a}$

注意　増加という言葉を使うので，
（-8 増加すること）
＝（8減少すること）！

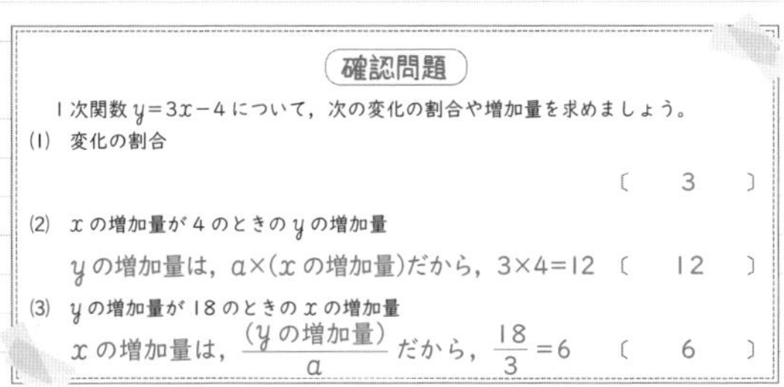

確認問題

1次関数 $y=3x-4$ について，次の変化の割合や増加量を求めましょう。
(1) 変化の割合　〔 3 〕

(2) x の増加量が4のときの y の増加量
y の増加量は，$a\times$（x の増加量）だから，$3\times4=12$　〔 12 〕

(3) y の増加量が18のときの x の増加量
x の増加量は，$\frac{(y\text{の増加量})}{a}$ だから，$\frac{18}{3}=6$　〔 6 〕

3　1次関数のグラフ ……………………………… 38・39ページの解答

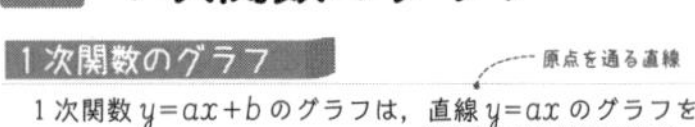

1次関数のグラフ

1次関数 $y=ax+b$ のグラフは，直線 $y=ax$ のグラフを（原点を通る直線）

y 軸の正の方向に b だけ平行移動した直線である。

memo
比例 $y=ax$ は
1次関数 $y=ax+b$ の
特別な場合。

$y=ax+b$　a：グラフの 傾き
　　　　　b： 切片
　　　　　（y軸との交点のy座標の値）

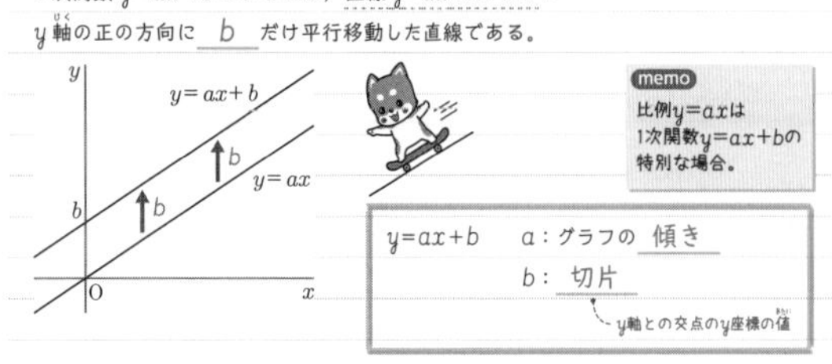

● 1次関数のグラフのポイント

・y 軸上の点（0， b ）を通り，傾きが a の直線。

・$a>0$ とき　グラフは 右上がり　➡xが増加するとyも増加する

・$a<0$ とき　グラフは 右下がり　➡xが増加するとyは減少する

例 $y=2x-1$ のグラフ（傾き 2，切片 -1）

例 $y=-3x+5$ のグラフ（傾き -3，切片 5）

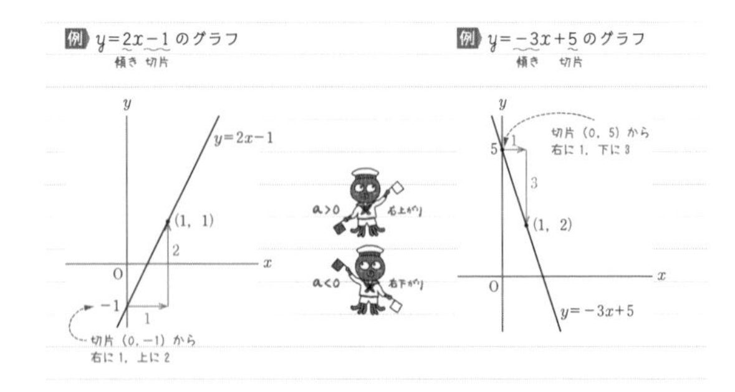

1次関数のグラフのかき方

例 $y=\frac{3}{4}x+1$ のグラフ

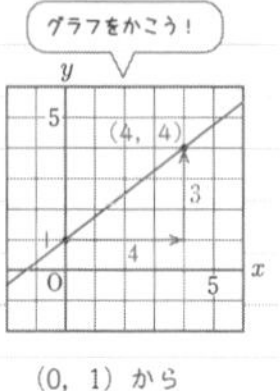

1次関数 $y=\frac{3}{4}x+1$ のグラフは，切片が

 1 なので，y 軸上の点（0， 1 ）を通る。

傾きが $\frac{3}{4}$ なので，x が1増えると y は $\frac{3}{4}$ 増える。

すなわち，x が4増えると y は 3 増えるから，

点（4， 4 ）を通る。これら2点を 直線 で結ぶ。

グラフをかこう！

（0，1）から
右に 4，上に 3
分母の数　分子の数

1次関数のグラフから式を求める方法

例 右の図の直線の式を求める。

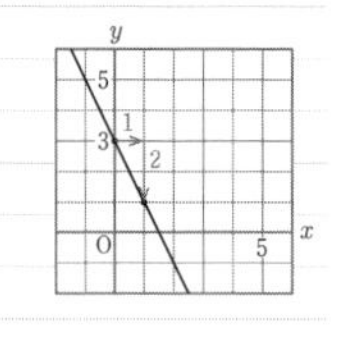

グラフは y 軸上の点（0， 3 ）を通るので

切片は 3 である。また，x の増加量が1のとき，

y の増加量は -2 だから，傾きは -2 である。

よって，求める式は $y=-2x+3$

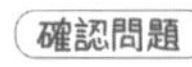

memo
1次関数 $y=ax+b$ のことを直線の式ともいう。

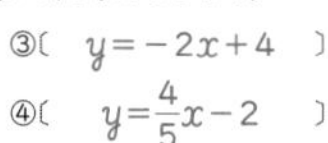

確認問題

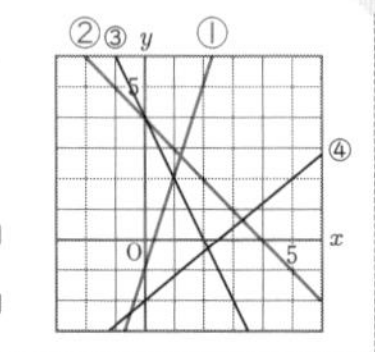

(1) 次の1次関数のグラフを右の図にかきましょう。
①　$y=3x-1$　　②　$y=-x+4$

(2) 右の図の③，④の直線の式を求めましょう。

③〔　$y=-2x+4$　〕

④〔　$y=\frac{4}{5}x-2$　〕

4　1次関数の式の決定 ……………………………… 40・41ページの解答

変化の割合と1組の x，y がわかっている場合

手順 [1] 変化の割合（傾き）を $y=ax+b$ の a に代入
　　[2] 通る点の座標（x，y）を代入
　　[3] 式を b について解き，切片を求める

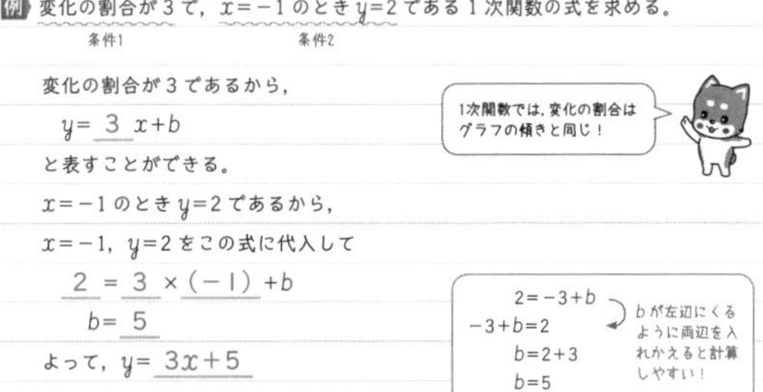

例 変化の割合が3で（条件1），$x=-1$ のとき $y=2$ である（条件2）1次関数の式を求める。

変化の割合が3であるから，

$y=$ 3 $x+b$

と表すことができる。

$x=-1$ のとき $y=2$ であるから，

$x=-1$，$y=2$ をこの式に代入して

 2 = 3 ×(−1)+b

$b=$ 5

よって，$y=$ $3x+5$

$2=-3+b$
$-3+b=2$
$b=2+3$
$b=5$
b が左辺にくるように両辺を入れかえると計算しやすい！

2組の x，y がわかっている場合

●解法1

手順 [1] 変化の割合を求める
　　[2] 変化の割合（傾き）を $y=ax+b$ の a に代入
　　[3] 1組の x，y を代入
　　[4] 式を b について解き，切片を求める

例 $x=-2$ のとき $y=5$（条件1），$x=2$ のとき $y=-3$（条件2）である1次関数の式を求める。

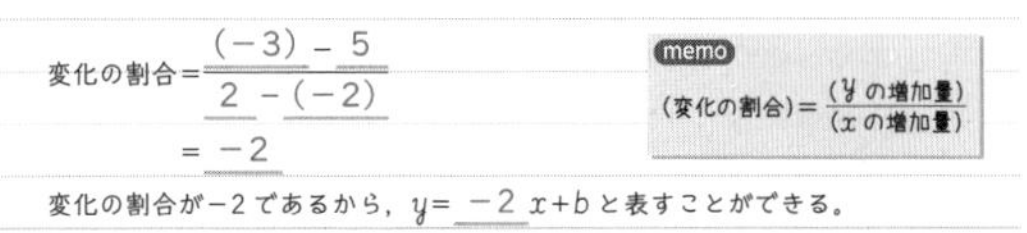

変化の割合 $=\frac{(-3)-5}{2-(-2)}$

$=-2$

memo
（変化の割合）$=\frac{(y\text{の増加量})}{(x\text{の増加量})}$

変化の割合が -2 であるから，$y=$ -2 $x+b$ と表すことができる。

$x=-2$ のとき $y=5$ であるから，$x=-2$，$y=5$ をこの式に代入して

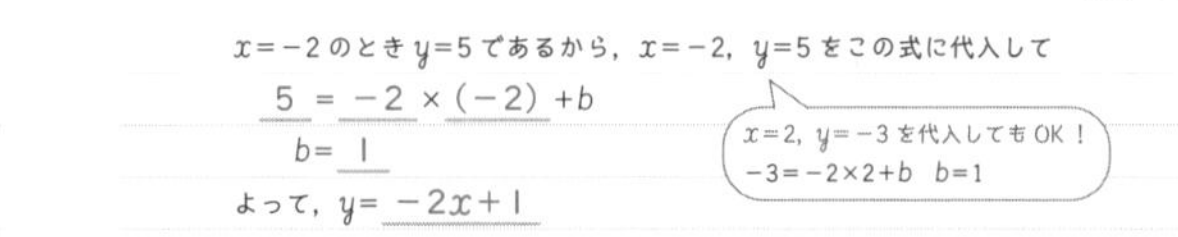

 5 = −2 ×(−2)+b

$b=$ 1

よって，$y=$ $-2x+1$

$x=2$，$y=-3$ を代入してもOK！
$-3=-2\times2+b$　$b=1$

●解法2

手順 [1] $y=ax+b$ に2点の座標（x，y）を代入して連立方程式をつくる
　　[2] 連立方程式を解き，傾き a，切片 b を求める

例 $x=-3$ のとき $y=2$（条件1），$x=4$ のとき $y=9$（条件2）である1次関数の式を求める。

$y=ax+b$ に $x=-3$，$y=2$ を代入して　2 = −3 $a+b$……①

$x=4$，$y=9$ を代入して　9 = 4 $a+b$ ……②

①，②を連立方程式として解くと，

①−②より，
 −7 = −7 a
$a=$ 1

これを①に代入して
 2 = −3 × 1 +b
$b=$ 5
よって，$y=$ $x+5$

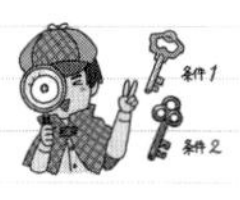

確認問題

(1) 変化の割合が -2 で $x=4$ のとき $y=-2$ である1次関数の式を求めましょう。

$y=-2x+b$ と表すことができる。$x=4$，$y=-2$ を代入して

$-2=-2\times4+b$　$b=6$

〔　$y=-2x+6$　〕

(2) 2点（−3，−5），（2，15）を通る直線の式を求めましょう。

$\begin{cases}-5=-3a+b\\15=2a+b\end{cases}$ を解く。上の式から下の式をひくと，

$-20=-5a$　$a=4$

$-5=-3\times4+b$　$b=-5+12=7$

〔　$y=4x+7$　〕

5 1次関数と方程式 ……………………………… 42・43ページの解答

2元1次方程式とグラフ

方程式 $2x-y=5$ の解を座標とする点の集まりは，

1次関数 $y=2x-5$ のグラフと一致して，直線 になる。

この直線を，方程式 $2x-y=5$ のグラフ（または，直線 $2x-y=5$）という。

例 方程式 $2x-y=5$ の解

$(x,\ y)=(0,\ -5)$，$(1,\ -3)$，…

を座標とする点は，すべて

直線 $y=2x-5$ 上にある。

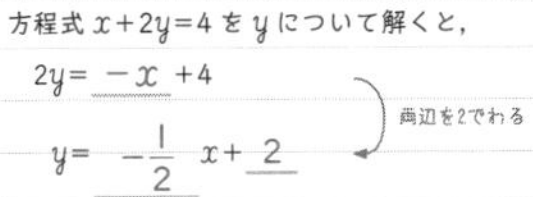

memo どんな関数のグラフも
・点をかいて
・直線や曲線で結ぶ
ことが基本。

Point! 2元1次方程式 $ax+by=c$ のグラフは直線となる。

● $ax+by=c$ のグラフのかき方(1)

式を y について解き，$y=○x+□$ の形に変形する。

例 $x+2y=4$ のグラフをかく。

方程式 $x+2y=4$ を y について解くと，

$2y=-x+4$ 　両辺を2でわる

$y=-\frac{1}{2}x+2$

よって，グラフは傾き $-\frac{1}{2}$，

切片 2 の直線となる。

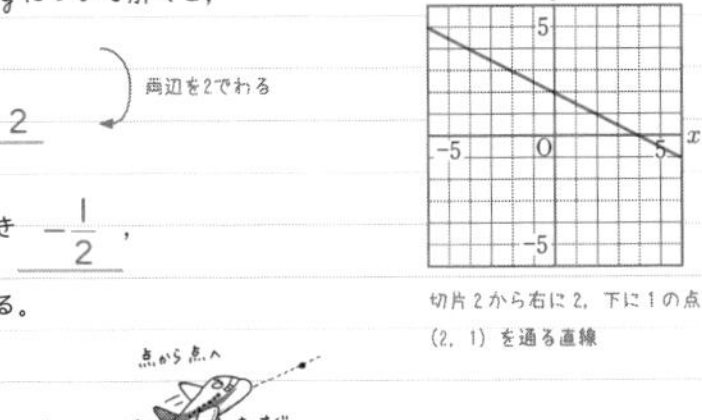

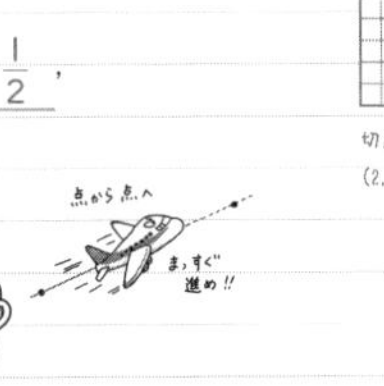

切片2から右に2，下に1の点 (2，1) を通る直線

注意 かき方(1)では，切片が分数の場合に点をかくことが難しいので，そのときはかき方(2)でかこう。

● $ax+by=c$ のグラフのかき方(2)

グラフが通る2点の座標を求める。

x，y のどちらも整数となる点を見つけるとよい。

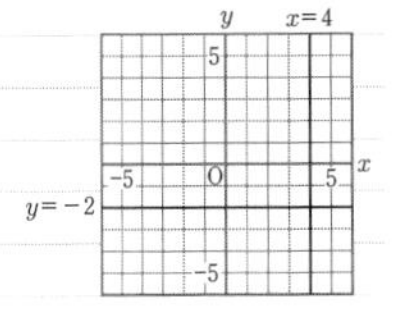

memo x軸，y軸との交点をそれぞれ求めてかく場合が多い。

例 $3x-2y=6$ のグラフをかく。

x 軸，y 軸との交点をそれぞれ求めると，

$x=0$ のとき，$y=-3$

$y=0$ のとき，$x=2$

よって，このグラフは

2点（0，−3），（2，0）を

通る直線となる。

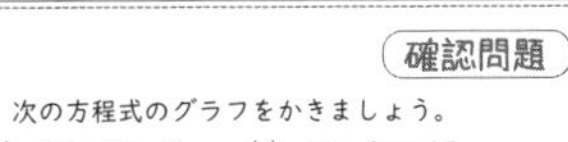

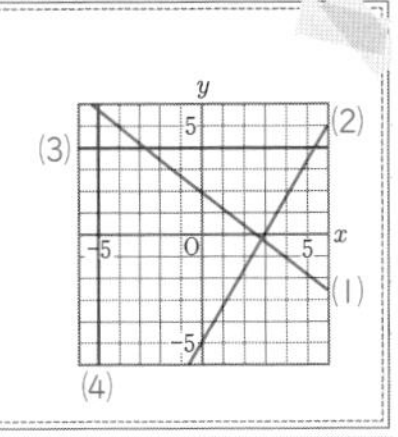

2点 (0，−3) (2，0) を通る直線

●軸に平行な直線のグラフ

$x=k$（定数）… y 軸 に平行な直線。

$y=h$（定数）… x 軸 に平行な直線。

例 $x=4$，$y=-2$ のグラフは右のようになる。

確認問題

次の方程式のグラフをかきましょう。

(1) $3x+4y=8$ 　$y=-\frac{3}{4}x+2$

(2) $5x-3y=15$ 　$y=\frac{5}{3}x-5$

(3) $y=4$

(4) $x+5=0$ 　$x=-5$

6 連立方程式とグラフ ……………………………… 44・45ページの解答

連立方程式と1次関数のグラフ

x，y についての連立方程式の解は，

それぞれの方程式のグラフの交点の x 座標，y 座標の組で表される。

連立方程式

$\begin{cases} ax+by=c & \cdots\cdots① \\ a'x+b'y=c' & \cdots\cdots② \end{cases}$ の解 $x=△$，$y=□$

グラフ

Point! 連立方程式の解↔2直線の交点

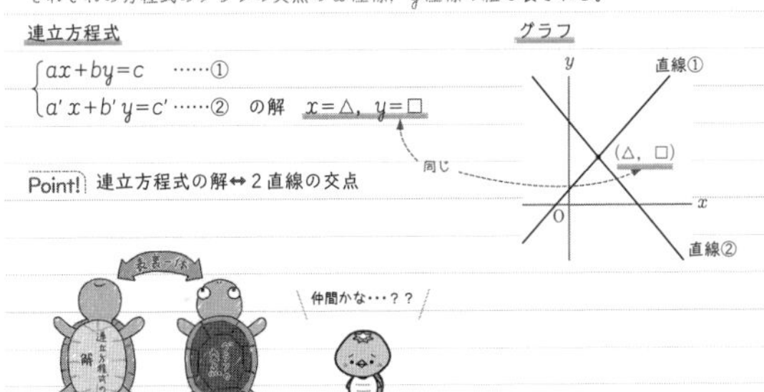

グラフから連立方程式の解を求める

例 $\begin{cases} 2x-y=4 & \cdots\cdots① \\ 2x+3y=12 & \cdots\cdots② \end{cases}$ 　$y=$～の形に変形

①，②を y について解く

① → $y=2x-4$

② → $y=-\frac{2}{3}x+4$

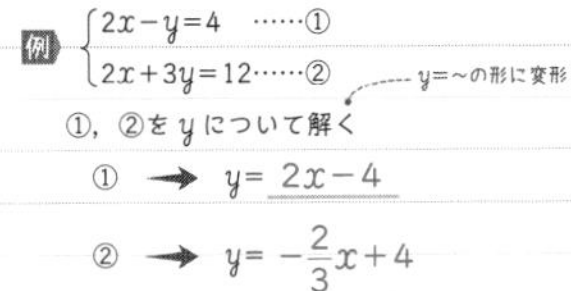

①，②のグラフより，

交点の座標（3，2）

グラフの交点の座標を読み取る

よって，連立方程式の解は

$x=3$，$y=2$

注意 グラフから連立方程式の解を求めることができるのは，解が x，y のどちらも整数のときのみ。

2直線の交点の座標を求める

手順 [1] グラフを読み取って2直線の式をそれぞれ求める。

[2] 2つの式を連立方程式として解く。

└→連立方程式の解の x の値…交点の x 座標

y の値…交点の y 座標

例 右のグラフの直線 ℓ，直線 m の交点を求める。

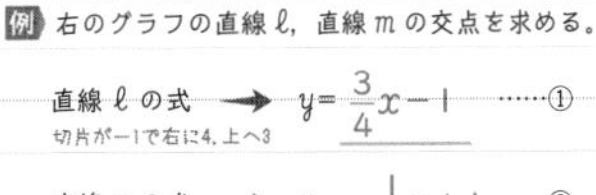

直線 ℓ の式 → $y=\frac{3}{4}x-1$ ……①

切片が−1で右に4，上へ3

直線 m の式 → $y=-\frac{1}{2}x+1$ ……②

切片が1で右に2，下へ1

①，②を連立方程式として解く

$\frac{3}{4}x-1=-\frac{1}{2}x+1$ 　①の右辺=②の右辺

$x=\frac{8}{5}$，$y=\frac{1}{5}$ 　よって，交点の座標は $\left(\frac{8}{5},\ \frac{1}{5}\right)$

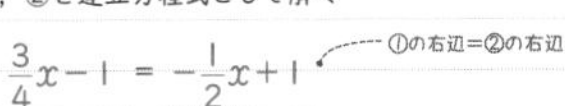

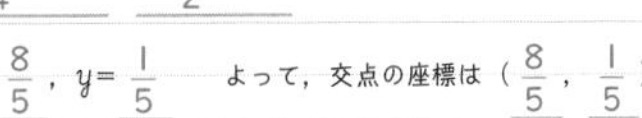

Point! 2つの式が $y=$～の形の場合は，代入法で右辺どうしを=でつないで解くと簡単。

確認問題

右の2つの直線 ℓ，m の交点の座標を求めましょう。

ℓ の式：$y=-x+1$ 　m の式：$y=\frac{4}{3}x-3$

$-x+1=\frac{4}{3}x-3$ 　$-3x+3=4x-9$

$-7x=-12$ 　$x=\frac{12}{7}$

よって，$y=-\frac{12}{7}+1=-\frac{5}{7}$

〔$\left(\frac{12}{7},\ -\frac{5}{7}\right)$〕

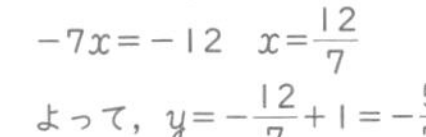

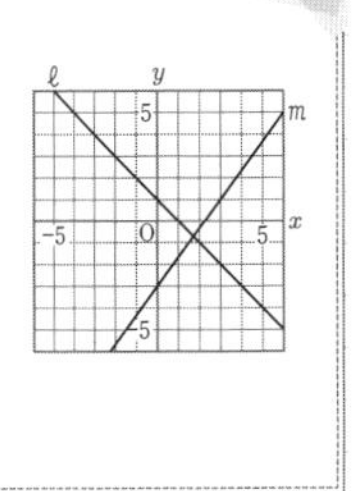

7 1次関数の利用①　……………………………… 46・47ページの解答

速さの問題とグラフ

速さの問題では，進むようすをグラフにかいて考えるとよい。

横軸（x軸）を 時間 ，縦軸（y軸）を 道のり とすると，グラフの傾きは 速さ を表す。

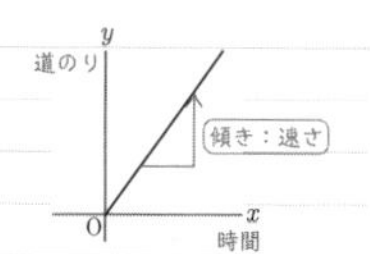

追いかける問題

例 Aさんは，10時に家を出発し，家から600 mのところにあるお店で10分間買い物をしたあと，家から1800 m離れた友だちの家に，一定の速さで歩いて向かいました。また，弟は10時20分に家を出発し，分速120 mで走ってAさんを追いかけました。そのときのAさんのようすを，Aさんが家を出発してからの時間をx分，家からの道のりをy mとして，グラフに表しています。

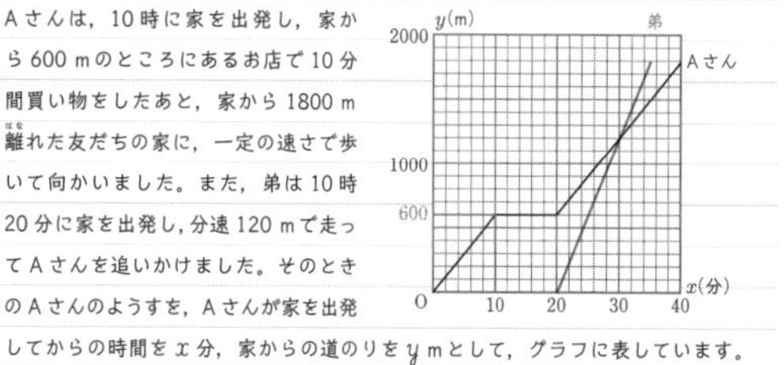

Aさんが歩く速さを考えよう！

グラフより，10分後のAさんが歩いた道のりは 600 mなので，

速さは， 600 ÷10= 60 より分速 60 m

弟がAさんに追いつく時間と位置を考えよう！

弟の進むようすをグラフにかこう。

弟の速さは分速120 mで，家を10時20分に出発しているので，2点（ 20 ，0），(30， 1200 ）を通る直線をかく。

よって，10時 30 分に，家から 1200 m のところで追いつく。

出会う問題

例 妹は駅を12時に出発して家に向かい，姉は12時5分に家を出発して駅に向かいました。2人の歩く速さは一定です。そのときのようすを，12時に妹が駅を出発してからの時間をx分，家からの道のりをy mとして，グラフに表しています。

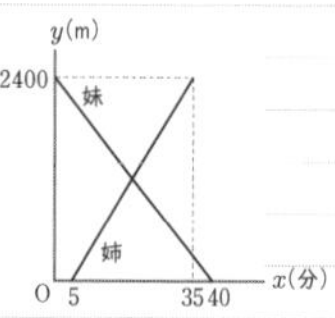

妹と姉のそれぞれについて，xとyの関係を表す式を考えよう！

グラフより，妹は2点（0， 2400 ），（ 40 ，0）を通る。

$(\text{傾き})=\dfrac{0-2400}{40-0}=-60$ ← 符号に注意！

よって，式は，$y=-60x+2400$ ……①

姉は2点（ 5 ，0）(35， 2400 ）を通る。

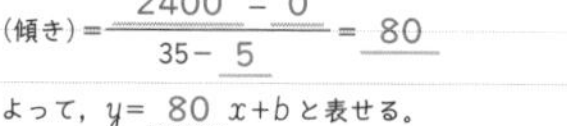

$(\text{傾き})=\dfrac{2400-0}{35-5}=80$

よって，$y=$ 80 $x+b$と表せる。

これが（ 5 ，0）を通るので， $0=80\times5+b$

$b=$ -400 　よって，式は，$y=$ $80x-400$ ……②

妹と姉が出会った時刻を考えよう！

①と②を連立方程式として解くと，$x=$ 20 ，$y=$ 1200

よって，2人が出会う時刻は 12時20分

確認問題

A社とB社の携帯電話の料金プランをグラフに表すと，右のようになります。通話時間をx分，料金をy円として，それぞれyをxの式で表しましょう。

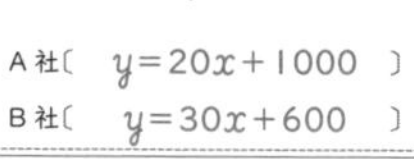

A社〔 $y=20x+1000$ 〕

B社〔 $y=30x+600$ 〕

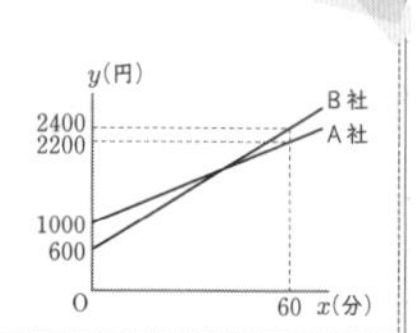

解説　第3章 7 1次関数の利用①

確認問題

A社の料金を表すグラフの直線の式は，

2点(0，1000)，(60，2200)を通るので，

$(\text{傾き})=\dfrac{2200-1000}{60-0}=20$

1次関数において，グラフの傾きは，$(\text{変化の割合})=\dfrac{(y\text{の増加量})}{(x\text{の増加量})}$に等しい。

切片1000より，$y=20x+1000$……①

B社の料金を表すグラフの直線の式は，

2点(0，600)，(60，2400)を通るので，

$(\text{傾き})=\dfrac{2400-600}{60-0}=30$

切片600より，$y=30x+600$……②

なお，グラフの交点は，A社とB社の料金が同じになる時間を表している。これは，①と②を連立方程式として解くことで求められる。

①，②より，$20x+1000=30x+600$　$x=40$

よって，40分通話すると料金が同じになり，40分以上通話するとA社の料金が安くなることがわかる。

1次関数のまとめ

● 1次関数の式

yがxの関数で，yがxの1次式で表されるとき，yはxの1次関数であるという。

xに比例する項

$y=ax+b$　　（a，bは定数，$a\neq0$）

定数項

● 変化の割合

1次関数$y=ax+b$の変化の割合は一定でaに等しい。$(\text{変化の割合})=\dfrac{(y\text{の増加量})}{(x\text{の増加量})}$

● 1次関数のグラフ

$y=ax+b$のグラフは直線で，傾きがa，切片がbである。aは変化の割合に等しい。

$a>0$のとき　グラフは右上がり

$a<0$のとき　グラフは右下がり

● x，yについての連立方程式の解は，それぞれの方程式のグラフの交点のx座標，y座標の組で表される。

連立方程式の解↔2直線の交点

8　1次関数の利用②　……………………………… 48・49ページの解答

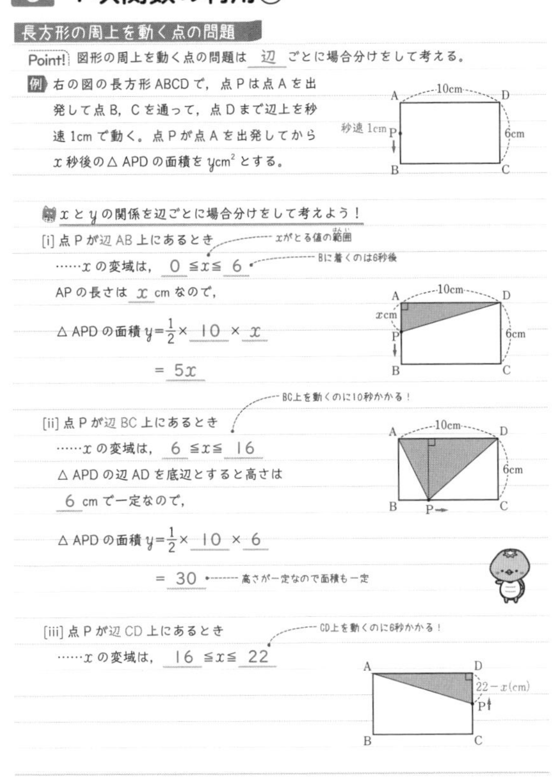

長方形の周上を動く点の問題

Point! 図形の周上を動く点の問題は 辺 ごとに場合分けをして考える。

例 右の図の長方形ABCDで，点Pは点Aを出発して点B，Cを通って，点Dまで辺上を秒速1cmで動く。点Pが点Aを出発してからx秒後の△APDの面積を$y$cm^{2}とする。

xとyの関係を辺ごとに場合分けをして考えよう！

[i] 点Pが辺AB上にあるとき　……xがとる値の範囲（はんい）

……xの変域は，0 ≦x≦ 6　……Bに着くのは6秒後

APの長さは x cmなので，

△APDの面積 $y=\frac{1}{2}\times 10 \times x$

$= 5x$

[ii] 点Pが辺BC上にあるとき　……BC上を動くのに10秒かかる！

……xの変域は，6 ≦x≦ 16

△APDの辺ADを底辺とすると高さは

6 cmで一定なので，

△APDの面積 $y=\frac{1}{2}\times 10 \times 6$

$= 30$　……高さが一定なので面積も一定

[iii] 点Pが辺CD上にあるとき　……CD上を動くのに6秒かかる！

……xの変域は，16 ≦x≦ 22

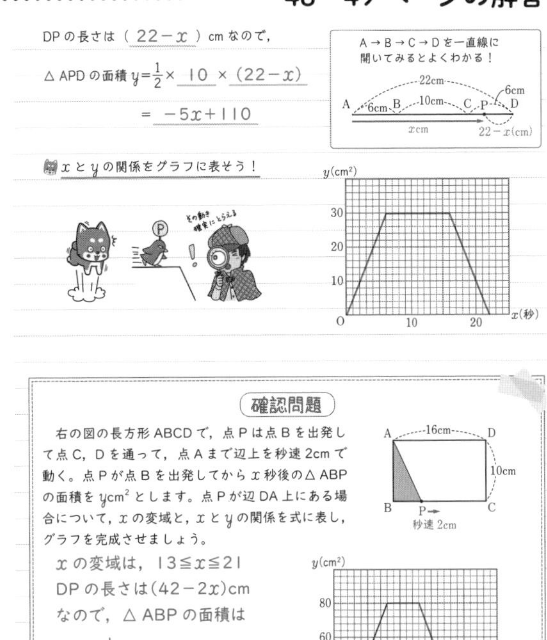

DPの長さは（22－x）cmなので，

△APDの面積 $y=\frac{1}{2}\times 10 \times (22-x)$

$= -5x+110$

A→B→C→Dを一直線に開いてみるとよくわかる！

xとyの関係をグラフに表そう！

確認問題

右の図の長方形ABCDで，点Pは点Bを出発して点C，Dを通って，点Aまで辺上を秒速2cmで動く。点Pが点Bを出発してからx秒後の△ABPの面積を$y$cm^{2}とします。点Pが辺DA上にある場合について，xの変域と，xとyの関係を式に表し，グラフを完成させましょう。

xの変域は，13≦x≦21

DPの長さは(42－2x)cm

なので，△ABPの面積は

$y=\frac{1}{2}\times 10\times(42-2x)$

$=-10x+210$

式〔 $y=-10x+210$ 〕

変域〔 13≦x≦21 〕

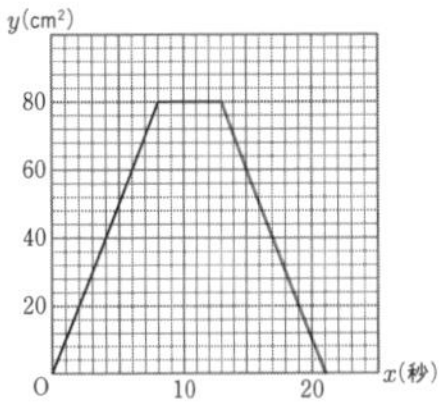

1　平行線と角　……………………………… 50・51ページの解答

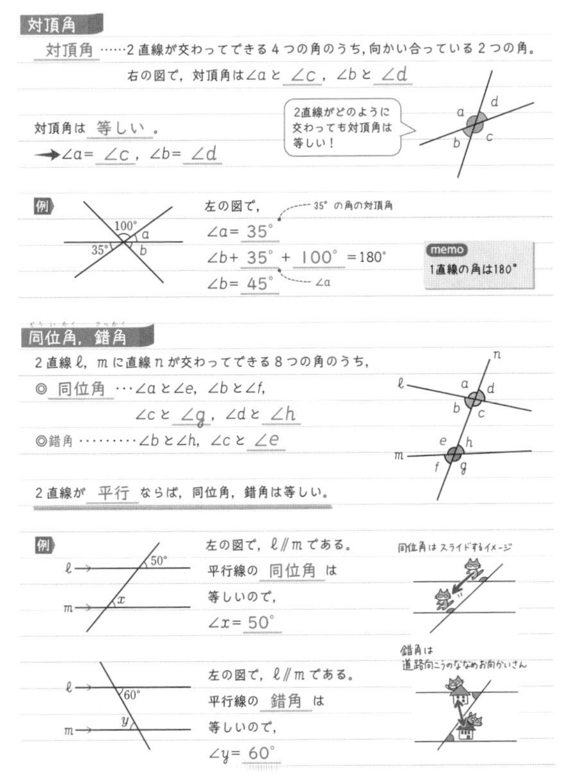

対頂角

対頂角 ……2直線が交わってできる4つの角のうち，向かい合っている2つの角。

右の図で，対頂角は∠aと ∠c，∠bと ∠d

対頂角は 等しい 。

→∠a= ∠c，∠b= ∠d

2直線がどのように交わっても対頂角は等しい！

例

左の図で，

∠a= 35°　……35°の角の対頂角

∠b+ 35° + 100° =180°

∠b= 45°　……∠a

memo 1直線の角は180°

同位角，錯角

2直線ℓ，mに直線nが交わってできる8つの角のうち，

◎ 同位角 …∠aと∠e，∠bと∠f，∠cと ∠g，∠dと ∠h

◎錯角 ………∠bと∠h，∠cと ∠e

2直線が 平行 ならば，同位角，錯角は等しい。

例

左の図で，$\ell /\!/ m$である。

平行線の 同位角 は

等しいので，

∠x= 50°

左の図で，$\ell /\!/ m$である。

平行線の 錯角 は

等しいので，

∠y= 60°

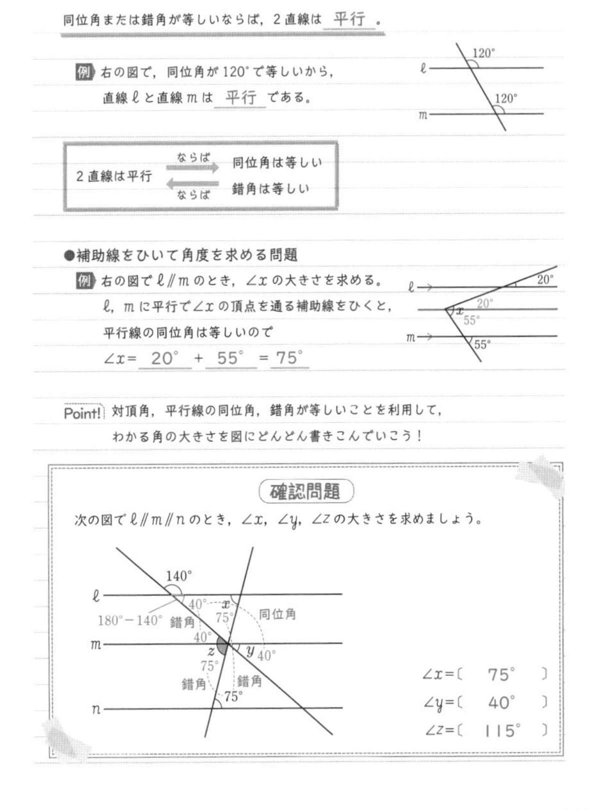

同位角または錯角が等しいならば，2直線は 平行 。

例 右の図で，同位角が120°で等しいから，直線ℓと直線mは 平行 である。

2直線は平行	ならば →	同位角は等しい
	← ならば	錯角は等しい

●補助線をひいて角度を求める問題

例 右の図で$\ell /\!/ m$のとき，∠xの大きさを求める。

ℓ，mに平行で∠xの頂点を通る補助線をひくと，

平行線の同位角は等しいので

∠x= 20° + 55° = 75°

Point! 対頂角，平行線の同位角，錯角が等しいことを利用して，わかる角の大きさを図にどんどん書きこんでいこう！

確認問題

次の図で$\ell /\!/ m /\!/ n$のとき，∠x，∠y，∠zの大きさを求めましょう。

∠x=〔 75° 〕

∠y=〔 40° 〕

∠z=〔 115° 〕

2 多角形の角 ………………………………………… 52・53ページの解答

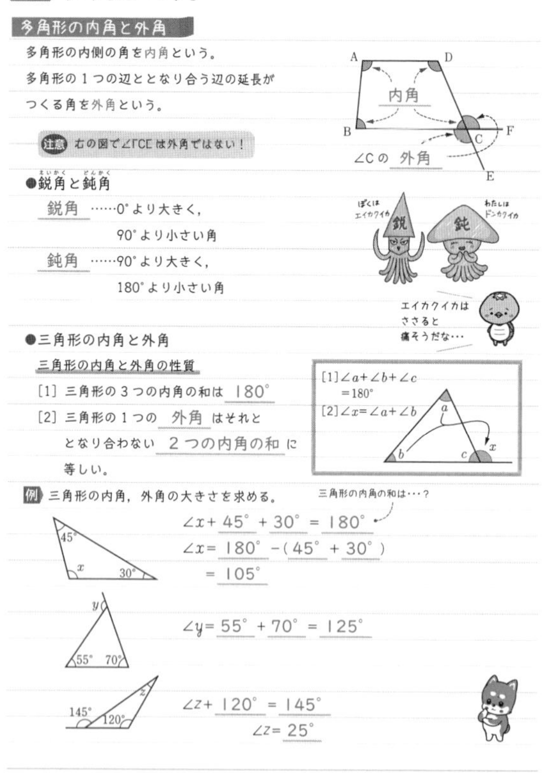

多角形の内角と外角

多角形の内側の角を内角という。
多角形の1つの辺ととなり合う辺の延長がつくる角を外角という。

注意 右の図で∠FCEは外角ではない！

●鋭角と鈍角

鋭角 ……0°より大きく，90°より小さい角
鈍角 ……90°より大きく，180°より小さい角

●三角形の内角と外角

三角形の内角と外角の性質

[1] 三角形の3つの内角の和は 180°
[2] 三角形の1つの 外角 はそれととなり合わない 2つの内角の和 に等しい。

例 三角形の内角，外角の大きさを求める。

三角形の内角の和は…？

$\angle x + 45^\circ + 30^\circ = 180^\circ$
$\angle x = 180^\circ - (45^\circ + 30^\circ)$
$= 105^\circ$

$\angle y = 55^\circ + 70^\circ = 125^\circ$

$\angle z + 120^\circ = 145^\circ$
$\angle z = 25^\circ$

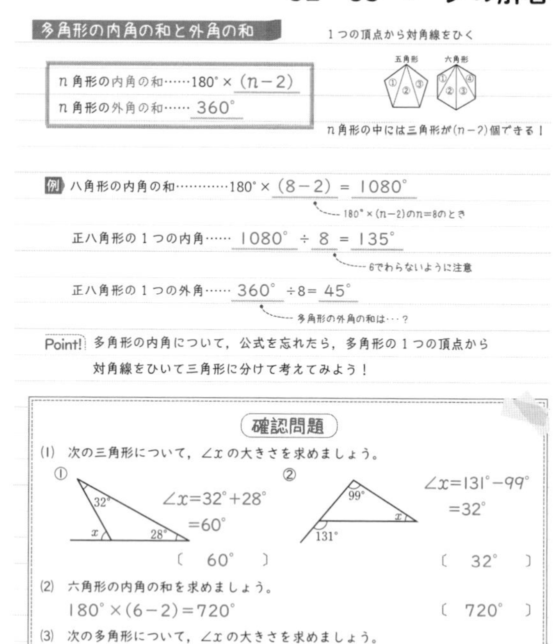

多角形の内角の和と外角の和

1つの頂点から対角線をひく

n角形の内角の和……180°×(n−2)
n角形の外角の和…… 360°

n角形の中には三角形が(n−2)個できる！

例 八角形の内角の和…………180°×(8−2) = 1080°
180°×(n−2)のn=8のとき

正八角形の1つの内角…… 1080° ÷ 8 = 135°
6でわらないように注意

正八角形の1つの外角…… 360° ÷8= 45°
多角形の外角の和は…？

Point! 多角形の内角について，公式を忘れたら，多角形の1つの頂点から対角線をひいて三角形に分けて考えてみよう！

確認問題

(1) 次の三角形について，∠xの大きさを求めましょう。

① ∠x=32°+28° =60° 〔 60° 〕

② ∠x=131°−99° =32° 〔 32° 〕

(2) 六角形の内角の和を求めましょう。
180°×(6−2)=720° 〔 720° 〕

(3) 次の多角形について，∠xの大きさを求めましょう。
五角形の内角の和は 180°×(5−2)=540°
図の∠yを考えると，
55°+138°+117°+120°+∠y=540°
∠y=110°　よって，∠x=70° 〔 70° 〕

3 三角形の合同 ………………………………………… 54・55ページの解答

合同な図形の性質

2つの合同な図形はその一方を移動して，他方にぴったり重ねることができる。
このとき，重なり合う頂点，辺，角を，それぞれ 対応する頂点，対応する辺，対応する角 という。「対応する～」という表現を覚えておこう！

右の四角形ABCDと四角形EFGHが合同であるとき，四角形ABCD ≡ 四角形EFGH と表す。（合同の記号）
対応する頂点を周にそって順番に書く

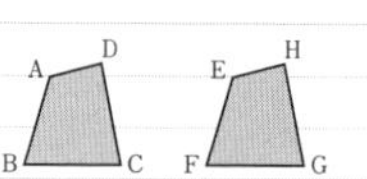

注意 四角形ABCD=四角形EFGHとすると合同ではなく，面積が等しいことになるよ！

合同な図形の性質

◎合同な図形では，対応する線分の長さはそれぞれ等しい。
◎合同な図形では，対応する角の大きさはそれぞれ等しい。

例 右の四角形ABCDと四角形EFGHは合同である。

辺ADの長さを答えよう！
→辺ADは辺 EH に対応しているから 7cm

∠Fの大きさを答えよう！
→∠Fは∠ B に対応しているから 55°

三角形の合同条件

2つの三角形は，次のどれかが成り立つとき合同。

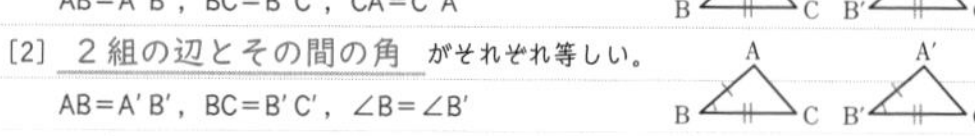

[1] 3組の辺 がそれぞれ等しい。
AB=A′B′，BC=B′C′，CA=C′A′

[2] 2組の辺とその間の角 がそれぞれ等しい。
AB=A′B′，BC=B′C′，∠B=∠B′

[3] 1組の辺とその両端の角 がそれぞれ等しい。
BC=B′C′，∠B=∠B′，∠C=∠C′

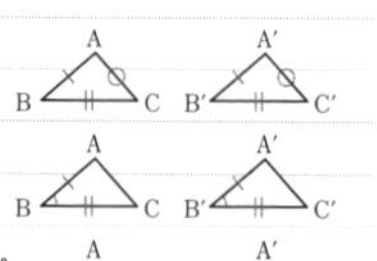

例 次の合同な三角形について記号を使って表し，合同条件を答える。

① 3組の辺 がそれぞれ等しいので，
△ABC ≡ △DFE
対応する頂点の順に書こう

② 2組の辺とその間の角 がそれぞれ等しいので，
△ABC ≡ △FDE
「その間の」を忘れずに！

③ 1組の辺とその両端の角 がそれぞれ等しいので，
△ABC ≡ △FED
「その両端の」を忘れずに！

回転
反転
回転してても反転してても OK！

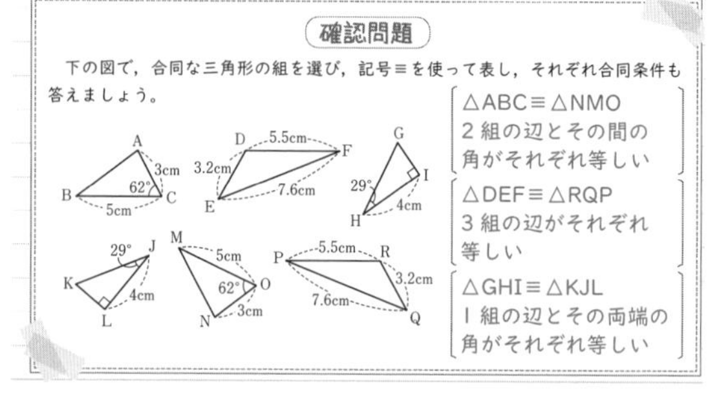

確認問題

下の図で，合同な三角形の組を選び，記号≡を使って表し，それぞれ合同条件も答えましょう。

〔△ABC≡△NMO 2組の辺とその間の角がそれぞれ等しい〕
〔△DEF≡△RQP 3組の辺がそれぞれ等しい〕
〔△GHI≡△KJL 1組の辺とその両端の角がそれぞれ等しい〕

4 証明 ……………………………… 56・57ページの解答

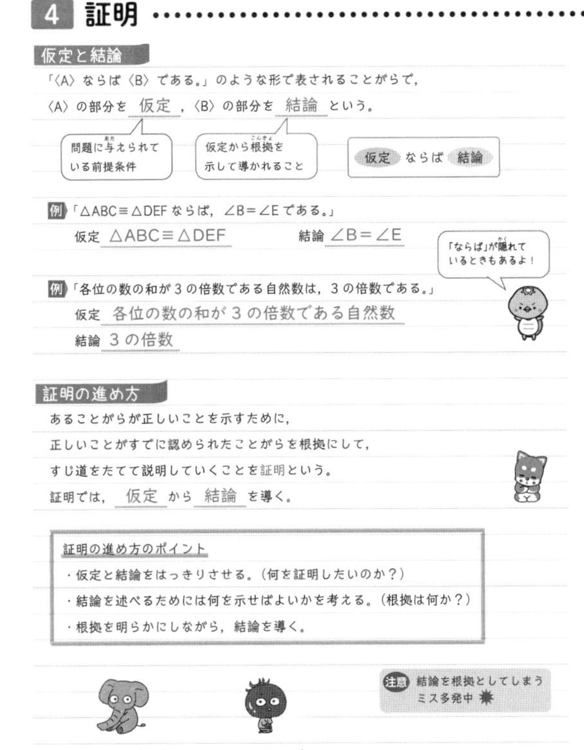

仮定と結論

「〈A〉ならば〈B〉である。」のような形で表されることがらで，

〈A〉の部分を 仮定 ，〈B〉の部分を 結論 という。

問題に与えられている前提条件　　仮定から根拠を示して導かれること　　仮定 ならば 結論

例 「△ABC≡△DEF ならば，∠B＝∠E である。」

仮定 △ABC≡△DEF　　結論 ∠B＝∠E

「ならば」が隠れているときもあるよ！

例 「各位の数の和が3の倍数である自然数は，3の倍数である。」

仮定 各位の数の和が3の倍数である自然数

結論 3の倍数

証明の進め方

あることがらが正しいことを示すために，

正しいことがすでに認められたことがらを根拠にして，

すじ道をたてて説明していくことを証明という。

証明では， 仮定 から 結論 を導く。

証明の進め方のポイント

・仮定と結論をはっきりさせる。（何を証明したいのか？）

・結論を述べるためには何を示せばよいかを考える。（根拠は何か？）

・根拠を明らかにしながら，結論を導く。

注意 結論を根拠としてしまうミス多発中

象 ならば 鼻が長い　トマト ならば 赤い
仮定　　結論　　仮定　　結論

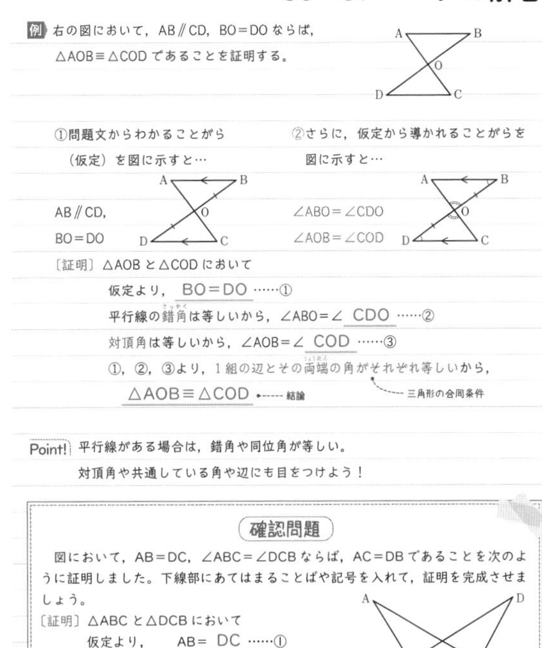

例 右の図において，AB∥CD，BO＝DO ならば，△AOB≡△COD であることを証明する。

①問題文からわかることがら（仮定）を図に示すと…

AB∥CD，BO＝DO

②さらに，仮定から導かれることがらを図に示すと…

∠ABO＝∠CDO　∠AOB＝∠COD

［証明］△AOB と △COD において

仮定より， BO＝DO ……①

平行線の錯角は等しいから，∠ABO＝∠ CDO ……②

対頂角は等しいから，∠AOB＝∠ COD ……③

①，②，③より，1組の辺とその両端の角がそれぞれ等しいから，

△AOB≡△COD ←結論　（三角形の合同条件）

Point! 平行線がある場合は，錯角や同位角が等しい。
対頂角や共通している角や辺にも目をつけよう！

確認問題

図において，AB＝DC，∠ABC＝∠DCB ならば，AC＝DB であることを次のように証明しました。下線部にあてはまることばや記号を入れて，証明を完成させましょう。

［証明］△ABC と △DCB において

仮定より，　AB＝ DC ……①

∠ABC＝∠ DCB ……②

2つの三角形に共通な辺だから BC ＝ CB ……③

①，②，③より， 2組の辺とその間の角がそれぞれ等しい から，

△ABC≡△DCB

合同な図形では 対応する辺の長さは等しい ので， AC ＝ DB

解説 第4章 4 証明

確認問題

AC＝DB を証明するために，

△ABC≡△DCB を証明する，という流れを意識する。

《図形の証明の手順》

①問題文からわかることがら（仮定）を洗い出して，図に示す。

②仮定から導かれることがらを図に示す。

③仮定と仮定から導かれることがらを用いて結論を導く。

証明問題のポイント

・合同の記号「≡」（「＝」にしないこと）

・平行線に着目して，錯角や同位角の等しい角を探す。

・対頂角に着目する。

・共通している辺や角に着目する。

証明の手順に慣れてきたら，穴うめ問題だけでなく，自分で全部書けるように練習しよう！

図形の性質と合同のまとめ

●右の図で，

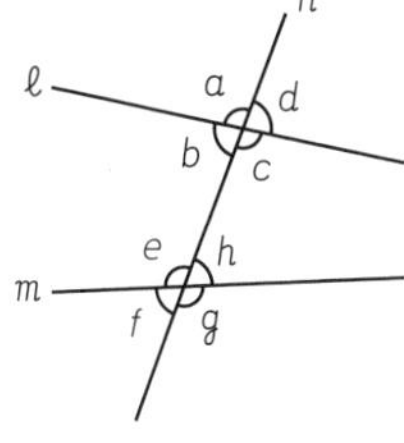

対頂角……例）∠a と∠c

同位角……例）∠d と∠h

錯角………例）∠b と∠h

● 2直線は平行←（ならば）→同位角は等しい

2直線は平行←（ならば）→錯角は等しい

●三角形の内角と外角の性質

［1］三角形の3つの内角の和は 180°

［2］三角形の1つの外角はそれととなり合わない2つの内角の和に等しい。

● n角形の和と外角の和

n角形の内角の和は 180°×($n-2$)

n角形の外角の和は 360°

● 2つの三角形は，次のどれかが成り立つとき合同。

［1］3組の辺がそれぞれ等しい。

［2］2組の辺とその間の角がそれぞれ等しい。

［3］1組の辺とその両端の角がそれぞれ等しい。

1 三角形 ………………………………………… 58・59 ページの解答

二等辺三角形の定義と定理

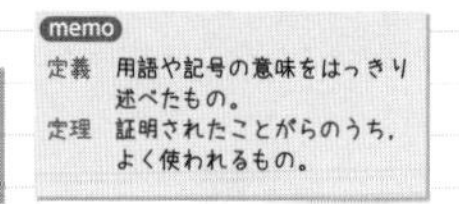

memo
定義　用語や記号の意味をはっきり述べたもの。
定理　証明されたことがらのうち，よく使われるもの。

定義　2辺 が等しい三角形を二等辺三角形という。

等しい辺の間の角 … 頂角
頂角に対する辺 … 底辺
底辺の両端（りょうたん）の角 … 底角

頂角　底角　底辺

定理　二等辺三角形の性質

［1］二等辺三角形の２つの底角は等しい。
（右の図で，AB＝AC ならば∠B＝∠ C ）

［2］二等辺三角形の頂角の二等分線は，底辺を垂直に２等分する。
（右の図で，AB＝AC，∠BAD＝∠CAD ならば AD⊥ BC ，BD＝ CD ）

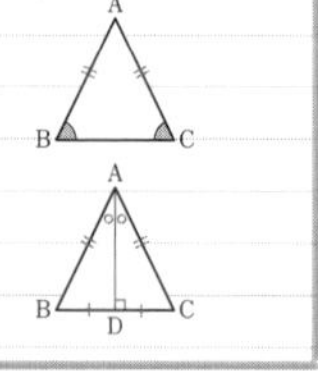

正三角形の定義と定理

定義　3辺 が等しい三角形を正三角形という。

定理　正三角形の性質

正三角形の３つの 内角 はすべて等しい（60°）。
（右の図で，AB＝BC＝CA ならば，∠A＝∠B＝∠C）

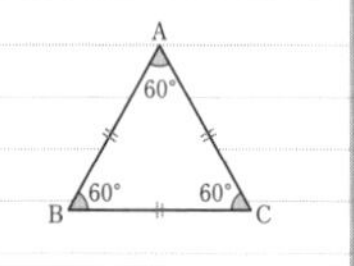

特別な三角形の角

例　∠x の大きさをそれぞれ求める。

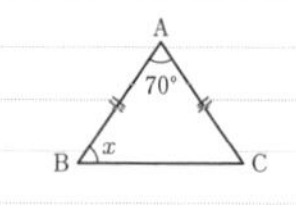

△ABC は AB＝ AC の二等辺三角形だから，
∠B＝∠ C
∠x＝(180°－ 70°)÷2
＝ 55°

△DEF は ED＝ EF の二等辺三角形だから，
∠F＝∠ D ＝ 35°
三角形の外角はそれととなり合わない２つの内角の和に等しいので，
∠x＝ 35° ＋ 35° ＝ 70°

三角形の外角の性質を使おう！

Point!　二等辺三角形の底角が等しいことや，三角形の内角の和が 180° であること，今まで学習した図形の性質から考えよう。

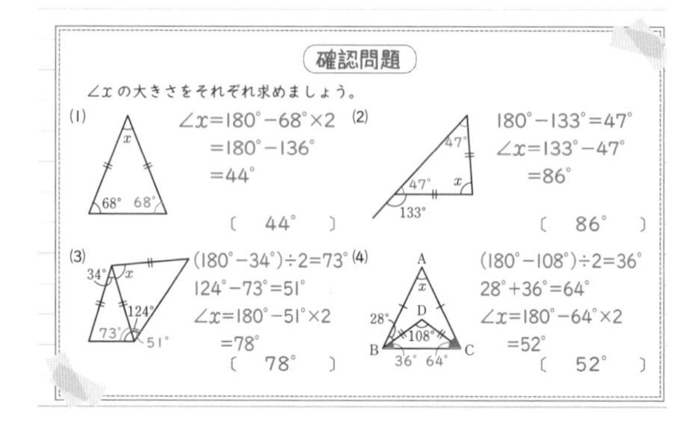

確認問題

∠x の大きさをそれぞれ求めましょう。

(1)
∠x＝180°－68°×2
＝180°－136°
＝44°
〔 44° 〕

(2)
180°－133°＝47°
∠x＝133°－47°
＝86°
〔 86° 〕

(3)
(180°－34°)÷2＝73°
124°－73°＝51°
∠x＝180°－51°×2
＝78°
〔 78° 〕

(4)
(180°－108°)÷2＝36°
28°＋36°＝64°
∠x＝180°－64°×2
＝52°
〔 52° 〕

2 二等辺三角形になるための条件 ……………………… 60・61 ページの解答

ことがらの逆

ことがらの仮定と結論を入れかえたものを，そのことがらの 逆 という。

〈A〉ならば〈B〉
逆
〈B〉ならば〈A〉

例　①「2 直線が平行ならば同位角が等しい」の逆は
「 同位角が等しい ならば 2直線は平行である 」
②「a，b が奇数（きすう）ならば $a+b$ は偶数（ぐうすう）である」の逆は
「 $a+b$が偶数 ならば a，bは奇数である 」
①はもとのことがらもその逆も正しい。
②はもとのことがらは正しいが，その逆は正しくない。

あることがらについて，仮定は成り立つが結論は成り立たないという例を 反例 という。
②の逆の反例は，$a=4$，$b=6$ や $a=-8$，$b=2$ などである。
★ a，b が偶数のとき，仮定「$a+b$ は偶数」は成り立つが，結論「a，b は奇数である」が成り立たない。

注意　あることがらが正しい場合でも，その逆が正しいとは限らない！

二等辺三角形・正三角形になるための条件

定理　二等辺三角形になるための条件
2つの角 が等しい三角形は二等辺三角形である。
（右の図で，∠B＝∠C ならば AB＝AC）

定理　正三角形になるための条件
3つの角 が等しい三角形は正三角形である。
（右の図で，∠A＝∠B＝∠C ならば AB＝BC＝CA）

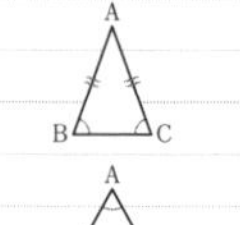

Point!　58 ページの定理は逆も成り立つということになる。

➡左ページの **定理** を利用して証明してみよう。

例　右の図は，∠A を頂角とする二等辺三角形である。辺 AC，AB 上に EB＝DC となる点 D，E をとり，B と D，C と E を結び BD と CE の交点を F とする。△FBC が二等辺三角形になることを，次のように証明した。

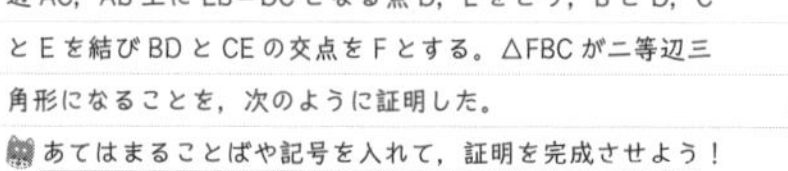

あてはまることばや記号を入れて，証明を完成させよう！

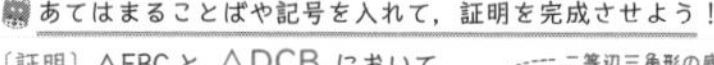

〔証明〕△EBC と △DCB において　（二等辺三角形の底角は等しい）
仮定より，　∠EBC＝∠ DCB ……①
EB＝ DC ……②　（対応する順に気をつけよう！）
共通な辺だから，BC＝ CB ……③
①，②，③より，２組の辺とその間の角がそれぞれ等しいから，
△EBC≡ △DCB　（三角形の合同条件）
合同な図形では対応する角の大きさは等しいので，∠ECB＝∠ DBC
２つの角が等しいので，△FBC は二等辺三角形である。

確認問題

右の図のような△ABC の∠B，∠C の二等分線の交点を D とします。DB＝DC ならば，△ABC は二等辺三角形であることを次のように証明しました。あてはまることばや記号を入れて，証明を完成させましょう。

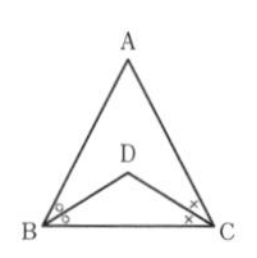

〔証明〕△DBC において
仮定より，DB＝ DC ……①
①より，△DBC は二等辺三角形である。
二等辺三角形の２つの底角は等しいから，∠DBC＝∠ DCB ……②
DB，DC は∠B，∠C の二等分線なので，
∠ABC＝2×∠ DBC ……③，∠ACB＝2×∠ DCB ……④
②，③，④より，∠ABC＝∠ACB
２つの角が等しい ので，△ABC は二等辺三角形である。

3 直角三角形の合同条件 …………………………………… 62・63 ページの解答

直角三角形の合同条件

直角三角形において，直角に対する辺のことを斜辺（しゃへん）という。

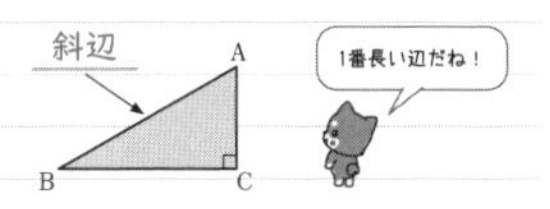

1番長い辺だね！

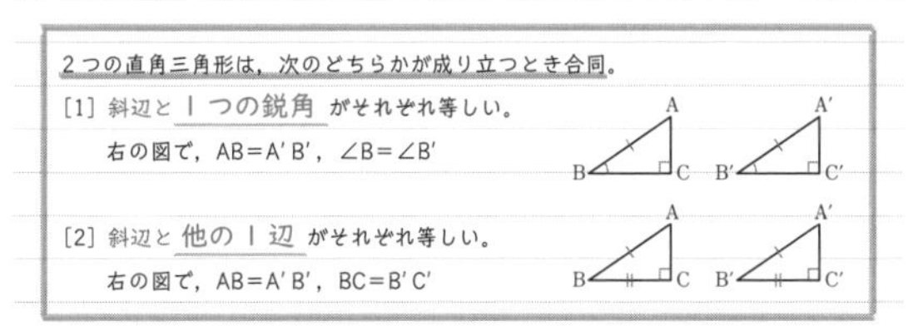

2つの直角三角形は，次のどちらかが成り立つとき合同。

［1］斜辺と 1つの鋭角 がそれぞれ等しい。
　右の図で，AB＝A′B′，∠B＝∠B′

［2］斜辺と 他の1辺 がそれぞれ等しい。
　右の図で，AB＝A′B′，BC＝B′C′

例 下の図で合同な直角三角形の組を記号≡を使って表し，合同条件を答える。

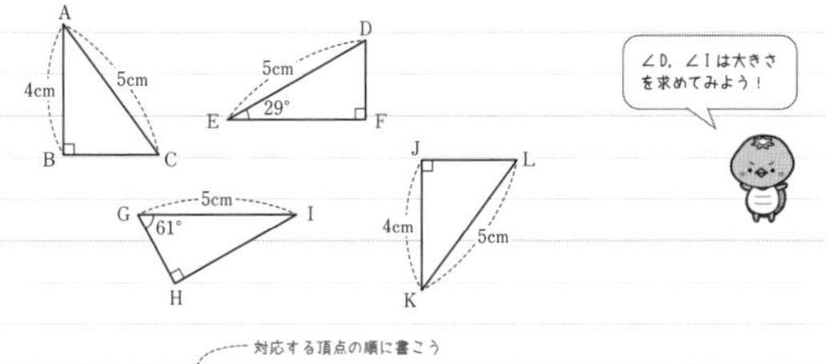

∠D，∠I は大きさを求めてみよう！

対応する頂点の順に書こう

・△ABC ≡△KJL
　合同条件：斜辺と他の1辺がそれぞれ等しい
・△DEF ≡△GIH
　合同条件：斜辺と1つの鋭角がそれぞれ等しい

直角三角形の合同の証明

例 右の図の△ABC は，AB＝AC の二等辺三角形である。BC の中点 M から AB，AC にひいた垂線と AB，AC との交点を，それぞれ D，E とすると，DM＝EM となることを，次のように証明した。

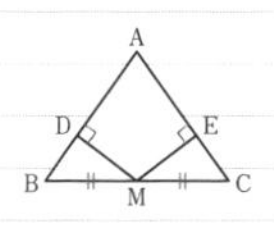

あてはまることばや記号を入れて，証明を完成させよう！

〔証明〕△DBM と △ECM において
　仮定より，∠BDM＝ △CEM ＝ 90°…①　（直角であることを明らかにしておく）
　二等辺三角形の底角なので，∠DBM＝∠ ECM …②
　点 M は BC の中点なので，BM＝ CM …③
　①，②，③より斜辺と1つの鋭角がそれぞれ等しいから，
　△DBM≡ △ECM
　合同な図形では 対応する辺の長さ は等しいので，DM＝EM

Point! 直角がある場合は，直角三角形の合同条件が使えないか考えよう！

確認問題

右の図において，四角形 ABCD は正方形で，AP＝AQ となるように BC 上に点 P，CD 上に点 Q をとるとき，∠PAB＝∠QAD となることを，次のように証明しました。あてはまることばや記号を入れて，証明を完成させましょう。

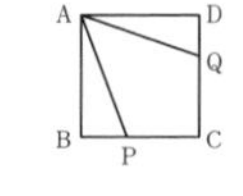

〔証明〕△ABP と △ADQ において
　正方形の角より，∠ABP＝ △ADQ ＝ 90° ……①
　仮定より，　AP＝ AQ ……②
　正方形の辺なので，　AB＝ AD ……③
　①，②，③より，直角三角形の
　斜辺と他の1辺がそれぞれ等しい から，
　△ABP ≡△ADQ
　合同な図形では 対応する角の大きさは等しい ので，∠PAB＝∠QAD

4 平行四辺形の性質 …………………………………… 64・65 ページの解答

平行四辺形の定義と定理

対辺…四角形の向かい合う辺
対角…四角形の向かい合う角

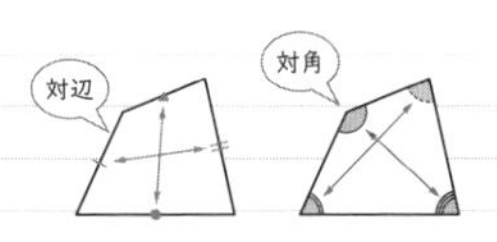

定義 2組の対辺 が それぞれ 平行 な四角形を平行四辺形という。（AB∥DC，AD∥BC）

定理 平行四辺形の性質

［1］平行四辺形の 2組の対辺 はそれぞれ等しい。
　（右の図で，AB＝DC，AD＝BC）

［2］平行四辺形の 2組の対角 はそれぞれ等しい。
　（右の図で，∠A＝∠C，∠B＝∠D）

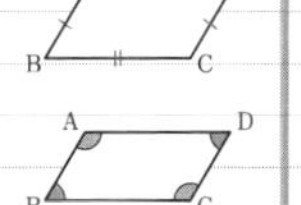

［3］平行四辺形の 対角線はそれぞれの 中点で交わる。
　（右の図で，AO＝CO，BO＝DO）

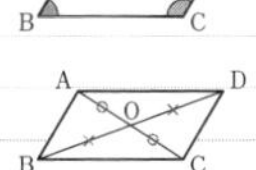

平行四辺形の角の大きさ，辺の長さ

例 右の図の平行四辺形について，x，y の値（あたい）をそれぞれ求める。

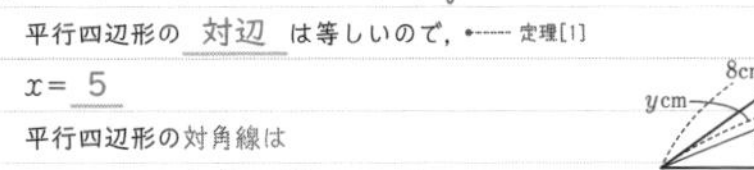

平行四辺形の 対辺 は等しいので，（定理［1］）
x＝ 5
平行四辺形の対角線は それぞれの 中点 で交わるので，（定理［3］）
y＝ 6

例 右の図で，平行四辺形 ABCD の辺 AD 上に DC＝DE となるように点 E をとる。このとき，図の x，y の値をそれぞれ求める。

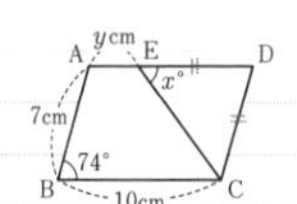

平行四辺形の 対角 は等しいので，（定理［2］）
∠D＝ 74°
△DEC は DE＝DC の二等辺三角形であり，その底角は等しいので，
x＝(180－ 74)÷2＝ 53
平行四辺形の 対辺 は等しいので，（定理［1］）
AD＝ 10 cm，DC＝ 7 cm
DC＝DE より，DE＝ 7 cm
したがって，y＝AD－DE＝ 10 － 7 ＝ 3

Point! 問題で与（あた）えられている角の大きさや辺の長さから，その対辺や対角の値を図にどんどん書きこんでいこう！

確認問題

右の図で，四角形 ABCD は平行四辺形で，∠ADC の二等分線が辺 AB の延長と交わる点を E とします。∠BED＝31°のとき，∠DCB の大きさを求めましょう。

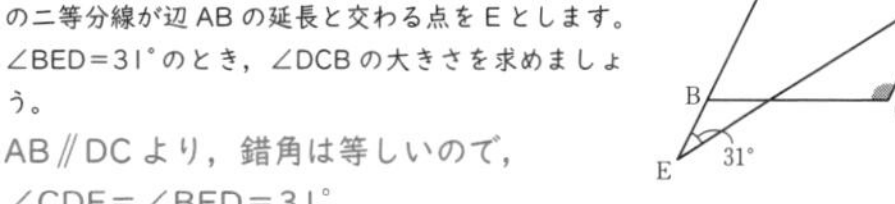

AB∥DC より，錯角は等しいので，
∠CDE＝∠BED＝31°
∠ADC＝2×∠CDE＝2×31°＝62°
平行四辺形の対角は等しく，内角の和は 360°なので，
∠DCB＝(360°－2∠ADC)÷2＝(360°－2×62°)÷2
＝236°÷2＝118°

〔 118° 〕

5 平行四辺形になるための条件 ……………………………… 66・67ページの解答

平行四辺形になるための条件

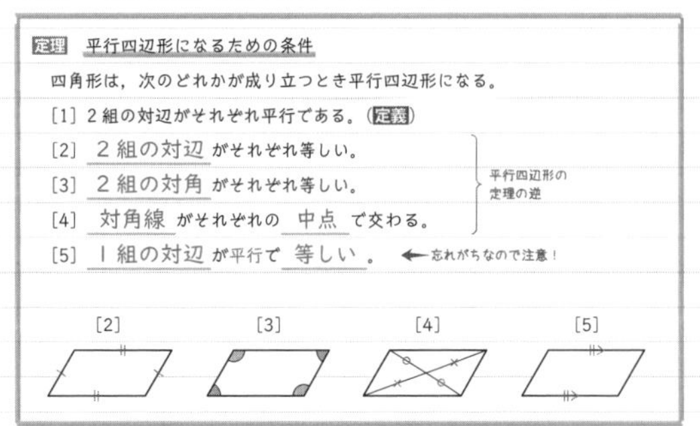

定理　平行四辺形になるための条件

四角形は，次のどれかが成り立つとき平行四辺形になる。

[1] 2組の対辺がそれぞれ平行である。(定義)

[2] 2組の対辺 がそれぞれ等しい。

[3] 2組の対角 がそれぞれ等しい。

[4] 対角線 がそれぞれの 中点 で交わる。

[5] 1組の対辺 が平行で 等しい 。 ←忘れがちなので注意！

（[2]～[4]：平行四辺形の定理の逆）

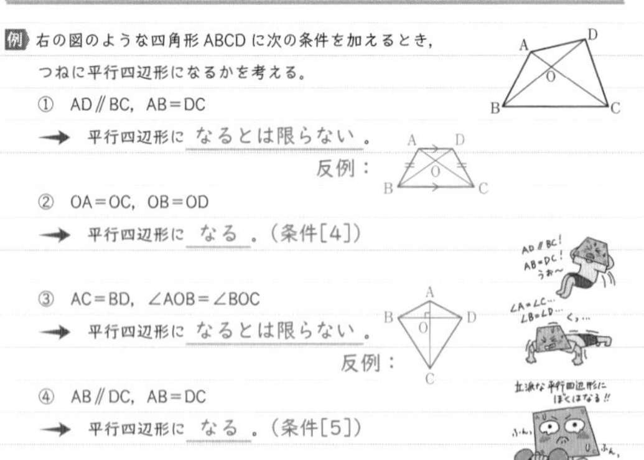

例 右の図のような四角形ABCDに次の条件を加えるとき，つねに平行四辺形になるかを考える。

① AD∥BC，AB＝DC

→ 平行四辺形に なるとは限らない 。

反例：

② OA＝OC，OB＝OD

→ 平行四辺形に なる 。(条件[4])

③ AC＝BD，∠AOB＝∠BOC

→ 平行四辺形に なるとは限らない 。

反例：

④ AB∥DC，AB＝DC

→ 平行四辺形に なる 。(条件[5])

特別な平行四辺形

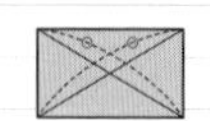

定義　4つの角 が等しい四角形を長方形という。

定理　長方形の対角線の 長さ は等しい。

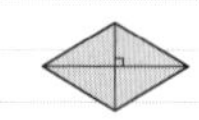

定義　4つの辺 が等しい四角形をひし形という。

定理　ひし形の対角線は 垂直 に交わる。

定義　4つの角 が等しく， 4つの辺 が等しい四角形を正方形という。

定理　正方形の対角線は 長さ が等しく， 垂直 に交わる。

Point! 長方形，ひし形，正方形は平行四辺形の特別な場合である。

確認問題

右の図で，△ABCの辺ACの中点をFとし，辺AB上の点Dから点Fを通りDF＝FEとなる点Eをとるとき，∠AED＝∠CDEとなることを，次のように証明しました。あてはまることばや記号を入れて，証明を完成させましょう。

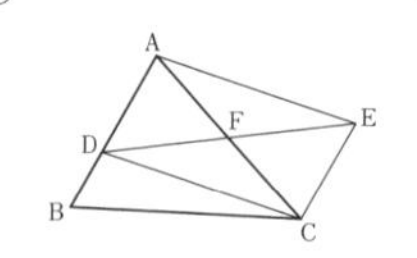

［証明］四角形ADCEにおいて，

仮定より　DF＝ FE ……①

点FはACの中点なので，AF＝ CF ……②

①，②より， 対角線がそれぞれの中点で交わる から，

四角形 ADCE は 平行四辺形 である。

平行四辺形の対辺は 平行 なので，AE ∥ DC

平行線の 錯角 は等しいから，∠AED＝∠CDEである。

解説　第5章 5 平行四辺形になるための条件

確認問題

この問題の証明を逆からたどると，

◇∠AED＝∠CDEを証明する。

そのために…

◇四角形ADCEが平行四辺形であることを証明する。

そのために…

◇四角形ADCEの対角線がそれぞれの中点で交わることを示す。

という道すじになっている。

証明は，「何を証明するのか」をはっきりさせて，そのゴールにたどりつくためにはどんな手順をふめばよいのかをまず考えることが大切である。

三角形と四角形のまとめ

●二等辺三角形の性質

[1]二等辺三角形の2つの底角は等しい。

[2]二等辺三角形の頂角の二等分線は，底辺を垂直に2等分する。

●正三角形の性質

正三角形の3つの内角はすべて等しい(60°)。

●逆…ことがらの仮定と結論を入れかえたもの

反例…あることがらについて，仮定は成り立つが結論は成り立たない例

●2つの直角三角形は，次のどちらかが成り立つとき合同。

[1]斜辺と1つの鋭角がそれぞれ等しい。

[2]斜辺と他の1辺がそれぞれ等しい。

●平行四辺形の性質

[1]平行四辺形の2組の対辺はそれぞれ等しい。

[2]平行四辺形の2組の対角はそれぞれ等しい。

[3]平行四辺形の対角線はそれぞれの中点で交わる。

●右の図のように，辺BCを共有する△ABCと△DBCにおいて，AD∥BCならば，△ABC＝△DBC

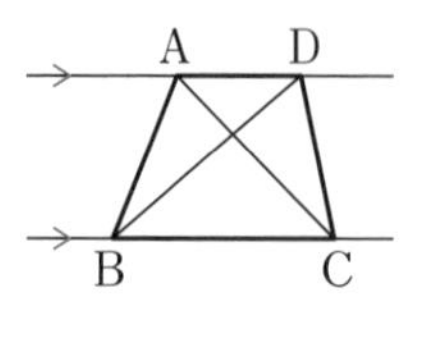

6 平行線と面積 ……………………………… 68・69 ページの解答

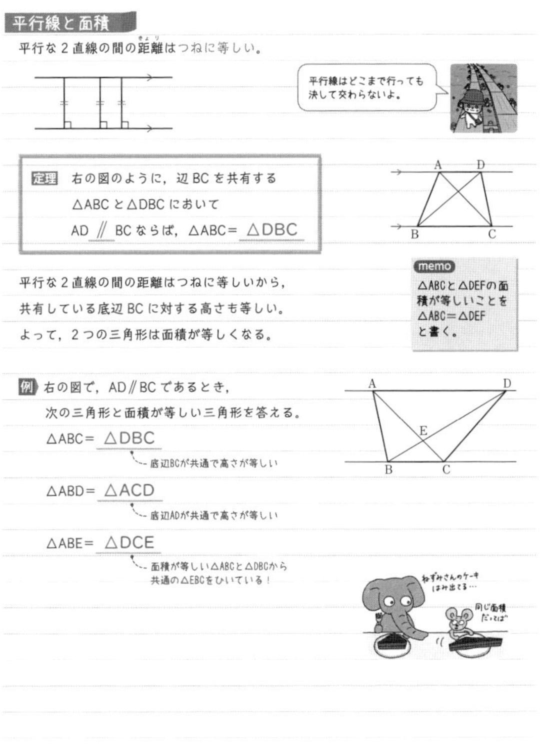

平行線と面積

平行な２直線の間の距離(きょり)はつねに等しい。

定理 右の図のように，辺 BC を共有する
△ABC と△DBC において
AD // BC ならば，△ABC＝ △DBC

平行な２直線の間の距離はつねに等しいから，
共有している底辺 BC に対する高さも等しい。
よって，２つの三角形は面積が等しくなる。

memo
△ABC と△DEF の面積が等しいことを
△ABC＝△DEF
と書く。

例 右の図で，AD // BC であるとき，
次の三角形と面積が等しい三角形を答える。

△ABC＝ △DBC
（底辺BCが共通で高さが等しい）

△ABD＝ △ACD
（底辺ADが共通で高さが等しい）

△ABE＝ △DCE
（面積が等しい△ABC と△DBC から共通の△EBC をひいている！）

面積が等しい三角形の作図

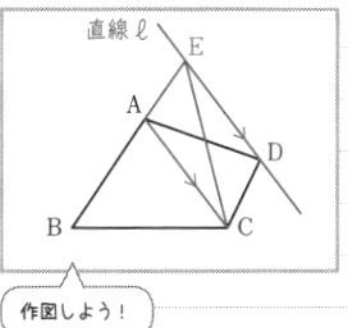

例 右の図の四角形 ABCD と面積が等しい△EBC を
次の手順に従って作図する。
［1］ 対角線 AC をひく。
［2］ AC と平行で，点 D を通る直線 ℓ をひく。
［3］ 辺 BA を A 側に延長し，直線 ℓ との交点を
E とし，EC を直線で結ぶ。

作図しよう！

面積を変えずに形を変えることができる！

底辺 AC は共通で，高さが等しいから，△DAC＝ △EAC
四角形 ABCD＝△ABC＋ △DAC
△EBC＝△ABC＋ △EAC ← 共通の△ABC に，面積が等しい△DAC と△EAC をたしている！
よって，四角形 ABCD＝△EBC

Point! 平行線に着目して，底辺と高さが等しい三角形を見つけよう。

確認問題

(1) 右の図で，四角形 ABCD は平行四辺形で，
AB // FE であるとき，△AGD と面積が等しい
三角形をすべて答えましょう。

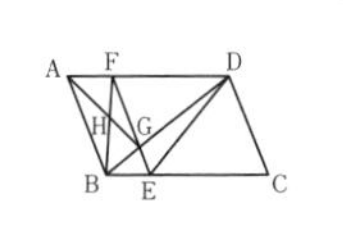

〔 △FBD，△FED，△DEC 〕

(2) 右の図において，辺 CD の延長線上に点 E を
とり，図形 ABCD の面積と等しい△EBC をか
きましょう。

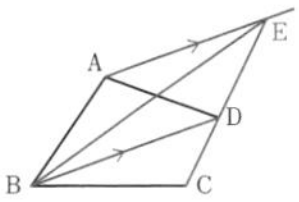

① 対角線 BD をひく。
② BD と平行で，点 A を通る直線をひく。
③ 辺 CD を D 側に延長し，その直線との
交点を E とし，BE を直線で結ぶ。

1 四分位数と四分位範囲 ……………………………… 70・71 ページの解答

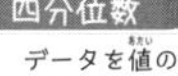

四分位数

データを値(あたい)の大きさの順に並べて，個数で４等分
したときに，４等分する位置にくる値を 四分位数 といい，
小さい方から順に，第１四分位数，
第２四分位数， 第３四分位数 という。

memo
第２四分位数は１年生のときに学習した「(全体での)中央値」と同じ。

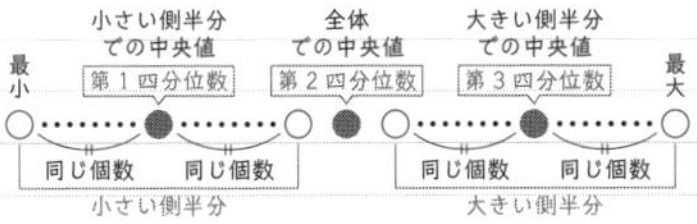

小さい側半分での中央値［第１四分位数］　全体での中央値［第２四分位数］　大きい側半分での中央値［第３四分位数］
最小 … 最大
同じ個数　同じ個数（小さい側半分）　同じ個数　同じ個数（大きい側半分）

●第１四分位数，第３四分位数の求め方
［1］ データを大きさの順に並べ，個数が同じになるように２つに分ける。
★データが奇数(きすう)個のときは， 中央値 を除いて分ける。
［2］ 分けた２つのグループごとに，それぞれの中央値を求める。
小さい方のグループの中央値　第１四分位数
大きい方のグループの中央値　第３四分位数

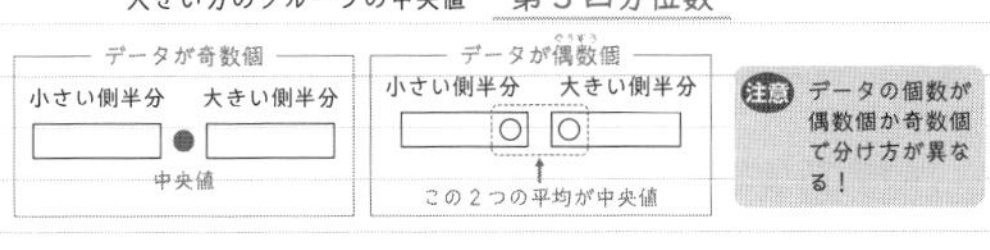

注意 データの個数が偶数個か奇数個で分け方が異なる！

四分位範囲(はんい)

第３四分位数から 第１四分位数 をひいた差を
四分位範囲という。四分位範囲にはデータ全体の
ほぼ半分が入っている。四分位範囲が大きいほど，
データの 中央値 （第２四分位数）のまわりの
散らばりの程度が大きいといえる。

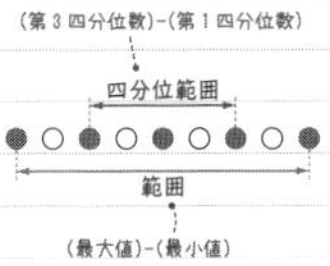

（第３四分位数）－（第１四分位数）
四分位範囲
範囲
（最大値）－（最小値）

Point! 四分位範囲は，大きすぎる値や小さすぎる値を
除いて，データを見ることができる。

例 次のデータについて，四分位数と四分位範囲を求める。

13　4　12　3　5　7　3　16　8　11　15　13　5　10

慎重(しんちょう)に並べよう。

データを左から値の小さい順に並べると，
3　3　4　5　5　7　8　10　11　12　13　13　15　16
データを小さいグループと大きいグループに分ける。
データは全部で 14 個なので，７個ずつに分けられる。

3　3　4　5　5　7　8 ｜ 10　11　12　13　13　15　16

小さいグループの中央値が第１四分位数　真ん中の２個の平均が中央値（第２四分位数）　大きいグループの中央値が第３四分位数

第１四分位数は 5 ，第２四分位数は 9 ，第３四分位数は 13
四分位範囲は 13 － 5 ＝ 8
（第３四分位数）（第１四分位数）

Point! データを大きさの順に並びかえるときのミスを防ぐために，
~~13~~ のように斜(なな)めの線で印をつけよう。

確認問題

図書室から１週間で借りた本の冊数を班ごとに調べると，次のようになりました。

A班	2	5	3	5	7	2	4	3	5	1	3
B班	1	9	3	7	5	2	9	0	1	8	

(1) A班とB班の四分位数をそれぞれ求めましょう。

A班	1	2	2	3	3	3	4	5	5	5	7
B班	0	1	1	2	3	5	7	8	9	9	

A班：第１四分位数〔 2 〕，第２四分位数〔 3 〕，第３四分位数〔 5 〕
B班：第１四分位数〔 1 〕，第２四分位数〔 4 〕，第３四分位数〔 8 〕

(2) 中央値のまわりの散らばりが大きいのはどちらの班ですか。
A の四分位範囲は 3，B の四分位範囲は 7　〔 B班 〕

2 箱ひげ図とその利用 ……………………………… 72・73 ページの解答

箱ひげ図

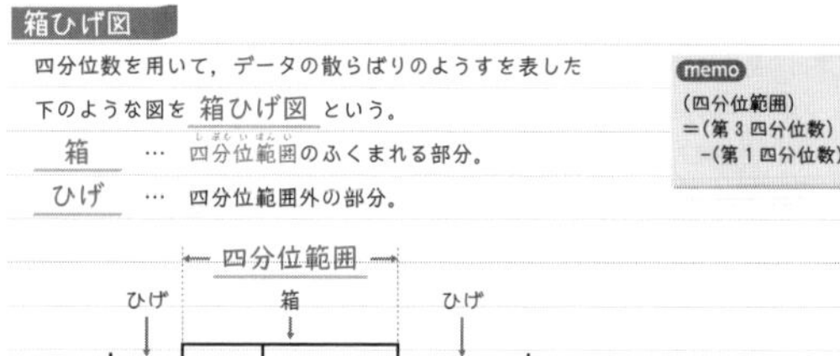

四分位数を用いて，データの散らばりのようすを表した下のような図を 箱ひげ図 という。

箱 … 四分位範囲のふくまれる部分。

ひげ … 四分位範囲外の部分。

memo
（四分位範囲）
＝（第３四分位数）
－（第１四分位数）

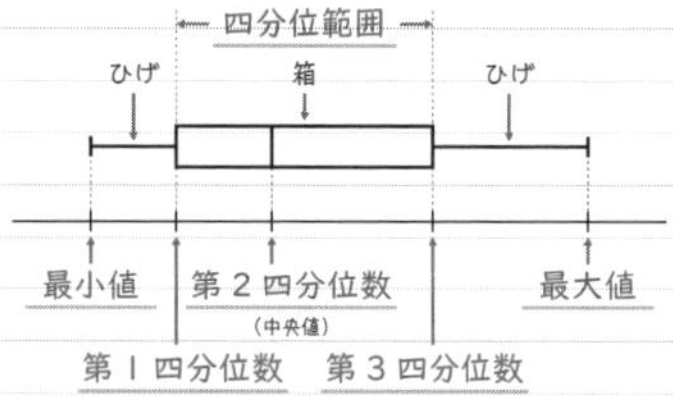

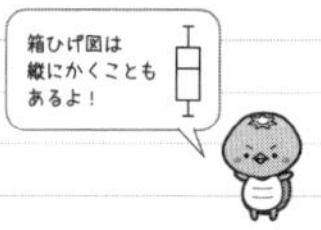

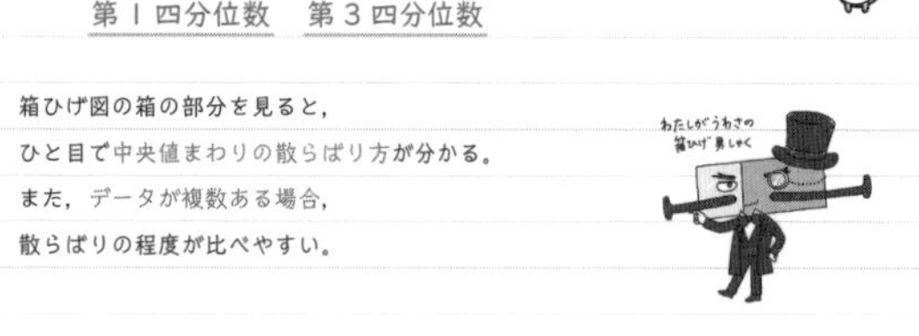

箱ひげ図の箱の部分を見ると，ひと目で中央値まわりの散らばり方が分かる。

また，データが複数ある場合，散らばりの程度が比べやすい。

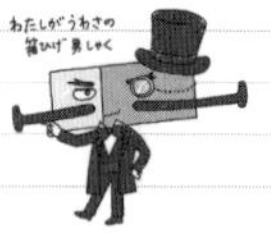

例 下の箱ひげ図から，最大値，最小値，四分位数，四分位範囲を読み取る。

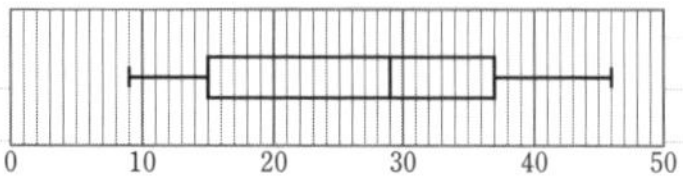

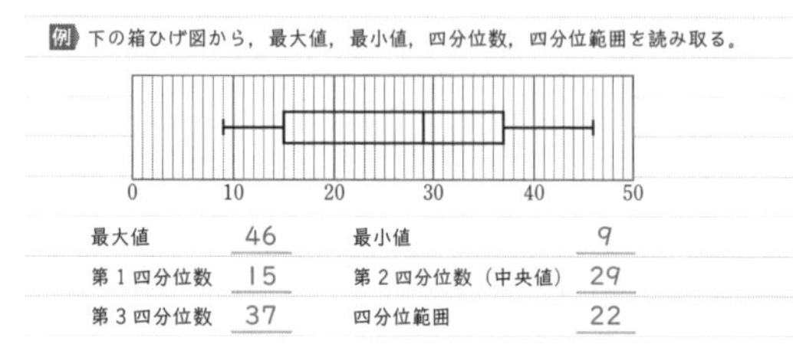

最大値	46	最小値	9
第１四分位数	15	第２四分位数（中央値）	29
第３四分位数	37	四分位範囲	22

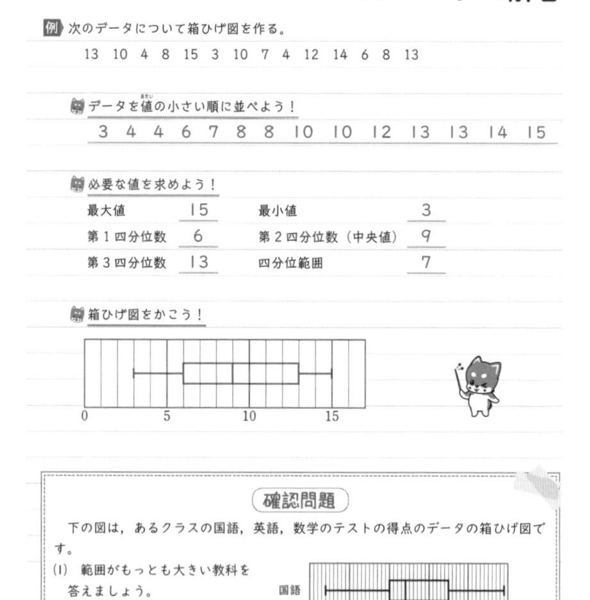

例 次のデータについて箱ひげ図を作る。

13　10　4　8　15　3　10　7　4　12　14　6　8　13

データを値の小さい順に並べよう！

3　4　4　6　7　8　8　10　10　12　13　13　14　15

必要な値を求めよう！

最大値	15	最小値	3
第１四分位数	6	第２四分位数（中央値）	9
第３四分位数	13	四分位範囲	7

箱ひげ図をかこう！

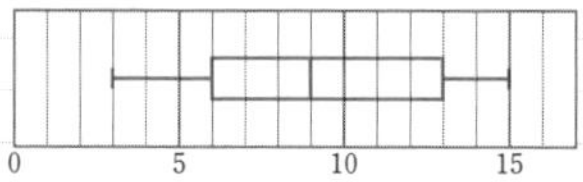

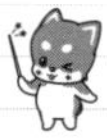

確認問題

下の図は，あるクラスの国語，英語，数学のテストの得点のデータの箱ひげ図です。

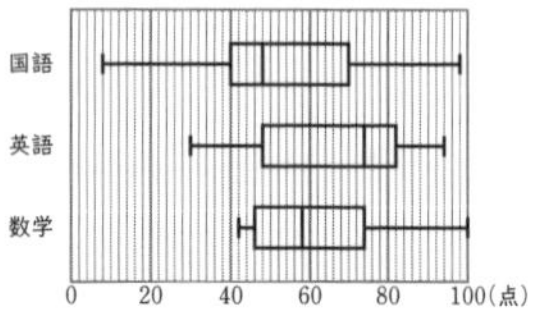

(1) 範囲がもっとも大きい教科を答えましょう。
〔　国語　〕

(2) 四分位範囲がもっとも小さい教科を答えましょう。
〔　数学　〕

(3) 70 点以上の生徒が半数以上いる教科を答えましょう。
〔　英語　〕中央値が 70 点以上なのは英語だけである。

解説 第６章 2 箱ひげ図とその利用

確認問題

(1)　(範囲)＝(最大値)－(最小値)だから，

国語：98－8＝90（点）

英語：94－30＝64（点）

数学：100－42＝58（点）

よって，範囲がもっとも大きいのは国語。

(2)　(四分位範囲)

＝(第３四分位数)－(第１四分位数)だから，

国語：70－40＝30（点）

英語：82－48＝34（点）

数学：74－46＝28（点）

よって，四分位範囲がもっとも小さいのは数学。

(3)　ある値以上のデータが半数以上あるかを調べるには，中央値に着目をすればよい。

国語の中央値：48（点）

英語の中央値：74（点）

数学の中央値：58（点）

よって，英語は 70 点以上の生徒が半数以上いることがわかる。

データの活用のまとめ

●四分位数…データを大きさの順に並べて４等分したとき，４等分する位置にくる値を小さい順から第１四分位数，第２四分位数(中央値)，第３四分位数という。

●箱ひげ図…四分位数を用いてデータの散らばりをわかりやすく表した図。

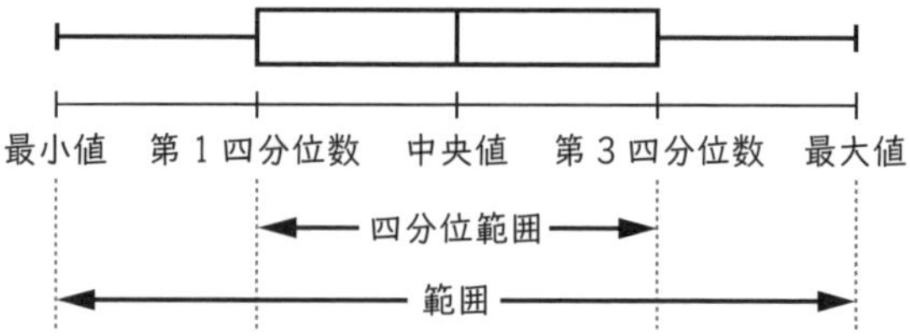

●箱ひげ図を用いると，

・中央値のまわりの散らばり方

・データが複数ある場合の散らばりの程度

がわかりやすい。

第7章　確率

1 確率とは …… 74・75ページの解答

確率とその求め方

あることがらの起こりやすさの程度を表す数を，そのことがらの起こる 確率 という。

さいころを投げるとき，出る目は1，2，3，4，5，6の 6 通りあり，どの目が出ることも同じ程度に期待できる。
このようなとき，それぞれの場合の起こることは，同様に確からしい という。
└この表現はしっかり覚える！

●確率の求め方

起こる場合が全部で n 通りあり，どれが起こることも同様に確からしいとする。
そのうち，ことがらAの起こる場合が a 通りであるとき，

ことがらAの起こる確率 $p=\frac{a}{n}$

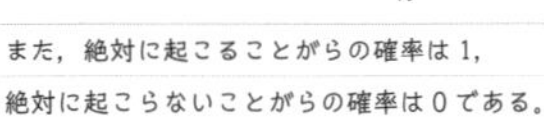

また，絶対に起こることがらの確率は1，絶対に起こらないことがらの確率は0である。
確率 p の範囲　$0 \leqq p \leqq 1$

例 1個のさいころを投げるとき，6の約数の目が出る確率を求める。

さいころの目の出方は，全部で 6 通り。
6の約数の目が出る場合の数は， 4 通り。
よって，6の約数の目が出る確率は，

6の約数…1，2，3，6

$$\frac{(6の約数の目が出る場合の数)}{(全体の場合の数)}=\frac{4}{6}=\frac{2}{3}$$

└忘れずに約分する

確率と樹形図

起こりうるすべての場合を順序よく整理するには，表や 樹形図 を用いるとよい。

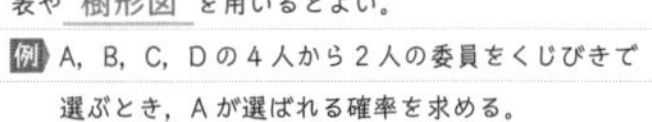

例 A，B，C，Dの4人から2人の委員をくじびきで選ぶとき，Aが選ばれる確率を求める。

4人から2人の委員を選ぶ場合の数は…

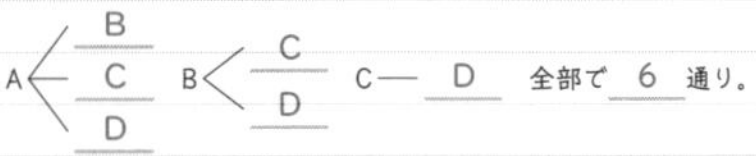

A－B，A－C，A－D　B－C，B－D　C－D　全部で 6 通り。

このうちAが選ばれるのは，A－B，A－C，A－Dの 3 通り。

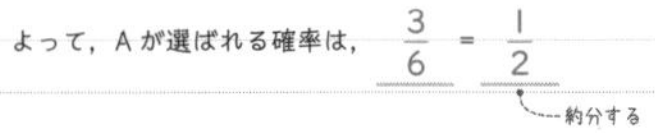

よって，Aが選ばれる確率は，$\frac{3}{6}=\frac{1}{2}$
└約分する

Point! 樹形図をかくときは，もれや重複がないように，数字順やアルファベット順など順番にかいていこう！

確認問題

3枚のコインを同時に投げるとき，表，裏の出方について，次の問いに答えましょう。

(1) 樹形図を完成させましょう。

(2) 3枚とも裏が出る確率を求めましょう。
上の樹形図の★の場合　〔 $\frac{1}{8}$ 〕

(3) 1枚が表で，2枚が裏になる確率を求めましょう。
上の樹形図の◎の場合　〔 $\frac{3}{8}$ 〕

第7章　確率

2 いろいろな確率① …… 76・77ページの解答

確率と表の利用

表を利用することで， 樹形図 と同じように，順序よく整理して場合の数を考えることができる。

memo
表の利用は，さいころを2個ふる場合や2個を選ぶ組み合わせ，2個を選んでさらに並びかえるような場合に有効。

例 大小2個のさいころを同時に投げるとき，出る目の数の和が10以上になる確率を求める。

さいころの目の出方は，表から，全部で 36 通り。

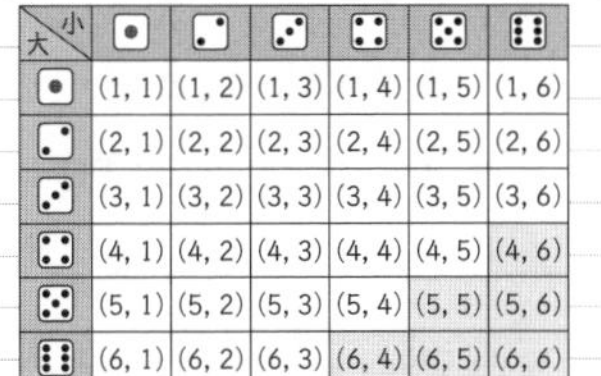

大＼小	1	2	3	4	5	6
1	(1, 1)	(1, 2)	(1, 3)	(1, 4)	(1, 5)	(1, 6)
2	(2, 1)	(2, 2)	(2, 3)	(2, 4)	(2, 5)	(2, 6)
3	(3, 1)	(3, 2)	(3, 3)	(3, 4)	(3, 5)	(3, 6)
4	(4, 1)	(4, 2)	(4, 3)	(4, 4)	(4, 5)	(4, 6)
5	(5, 1)	(5, 2)	(5, 3)	(5, 4)	(5, 5)	(5, 6)
6	(6, 1)	(6, 2)	(6, 3)	(6, 4)	(6, 5)	(6, 6)

大の目が2，小の目が3の場合を，(2，3) と表すよ！

出る目の数の和が10以上になるのは，
(4，6) (5，5) (5，6) (6，4) (6，5) (6，6) の 6 通り。

よって，確率は，$\frac{6}{36}=\frac{1}{6}$

起こらない確率

あることがらが起こらない確率は，1からあることがらが起こる確率をひくことで求めることができる。

(Aの起こらない確率)＝1－(Aの起こる確率)

memo
「～でない」「少なくとも～」という確率を求めるときに，起こらない確率を考えると簡単！

例 A，B，C，D，Eの5人から，委員長と副委員長をくじびきで選ぶとき，Aが選ばれない確率を求める。

下の表を完成させよう！　(委員長，副委員長) で表す。

	A	B	C	D	E
A		(A, B)	(A, C)	(A, D)	(A, E)
B	(B, A)		(B, C)	(B, D)	(B, E)
C	(C, A)	(C, B)		(C, D)	(C, E)
D	(D, A)	(D, B)	(D, C)		(D, E)
E	(E, A)	(E, B)	(E, C)	(E, D)	

選び方全部の場合の数は， 20 通り。
Aが選ばれる場合の数は， 8 通り。

Aが選ばれる場合の方が少ないね。

Aが選ばれる確率は，$\frac{8}{20}=\frac{2}{5}$
したがって，Aが選ばれない確率は，$1-\frac{2}{5}=\frac{3}{5}$

Point! 場合の数が少ない方を考えて，1からひけば，簡単に確率を求められる。

確認問題

大小2個のさいころを同時に投げるとき，次の確率を求めましょう。

(1) 出る目の数の積が5の倍数になる確率
少なくとも一方の目が5であればよい　〔 $\frac{11}{36}$ 〕

(2) 出る目の数の和が5以上になる確率　出る目の数の和が4以下の確率は，$\frac{6}{36}=\frac{1}{6}$　よって，$1-\frac{1}{6}=\frac{5}{6}$　〔 $\frac{5}{6}$ 〕

(3) 少なくとも一方の目が4以下になる確率　大小どちらの目も5以上の確率は，$\frac{4}{36}=\frac{1}{9}$　よって，$1-\frac{1}{9}=\frac{8}{9}$　〔 $\frac{8}{9}$ 〕

3 いろいろな確率② ………………………………………… 78・79ページの解答

同時に取り出す問題

例 赤玉が4個，青玉が2個入った袋から，
同時に2個の玉を取り出すときの確率を考える。

Point! ・赤玉と青玉をそれぞれの個数で，赤①，赤②，…，
青①，青②のように区別して考える。
・（赤②，青①）と（青①，赤②）と出ることは
同じことなので，組み合わせを考える。

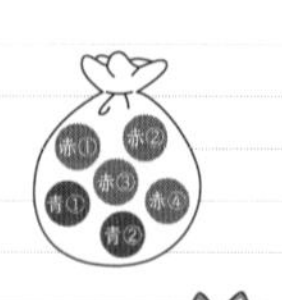

絵をかいておくと
イメージしやすいよ！

樹形図を完成させよう！

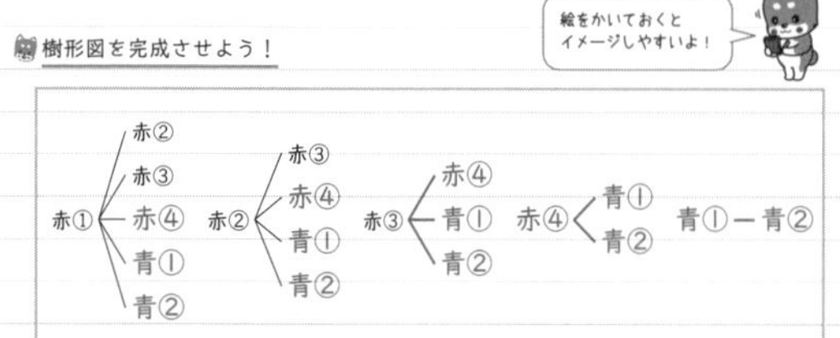

樹形図をかくとき，赤や青など，画数が多い場合，「赤をR」，「青をB」と
英語の頭文字や，「赤を△」「青を□」にするなど簡単にして書く方法もある。

赤玉1個と青玉1個が出る確率を求めよう！
玉の取り出し方は，全部で 15 通り。
赤玉1個と青玉1個が出る場合の数は， 8 通り。
よって，赤玉1個と青玉1個が出る確率は， $\frac{8}{15}$

2個とも同じ色が出る確率を求めよう！
赤玉2個が出る場合の数は， 6 通り。
青玉2個が出る場合の数は， 1 通り。
すなわち，2個とも同じ色が出る場合の数は， 7 通り。
よって，2個とも同じ色が出る確率は， $\frac{7}{15}$

順に取り出す問題

例 2本の当たりくじが入った5本のくじがある。先にAが1本ひき，続いてBが
1本ひくとき，少なくとも1人が当たる確率を求める。

Point! ・当たりとはずれをそれぞれの本数で，当たりを①，②，
はずれを⚠1，⚠2，⚠3のように区別して考える。
・②−⚠1と⚠1−②はちがうひき方なので注意する。

樹形図を完成させよう！

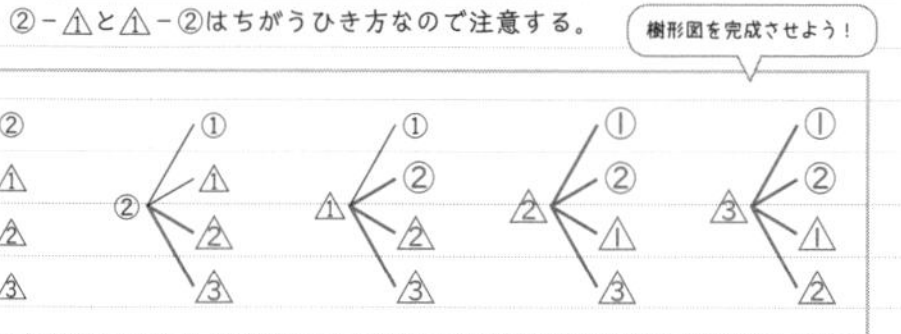

くじのひき方は，全部で 20 通り。
AもBもはずれる場合の数は， 6 通り。
AもBもはずれる確率は， $\frac{6}{20}=\frac{3}{10}$
よって，少なくとも1人が当たる確率は， $1-\frac{3}{10}=\frac{7}{10}$

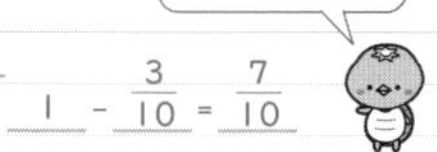

確認問題

黒玉2個，白玉3個が入った袋の中から，同時に2個の玉を取り出すことについて，
次の確率を求めましょう。

(1) 黒玉1個と白玉1個が出る確率
玉の取り出し方は，全部で10通り。
黒玉1個と白玉1個が出る場合の数は，6通り。
$\frac{6}{10}=\frac{3}{5}$
〔 $\frac{3}{5}$ 〕

(2) 白玉が少なくとも1個出る確率
白玉が1個も出ないのは黒玉が2個出る場合だから，1通り。
よって，$1-\frac{1}{10}=\frac{9}{10}$
〔 $\frac{9}{10}$ 〕

解説 第7章 3 いろいろな確率②

確認問題

(1) 黒玉2個を❶，❷，白玉3個を①，②，③
として樹形図をかくと，次のようになる。

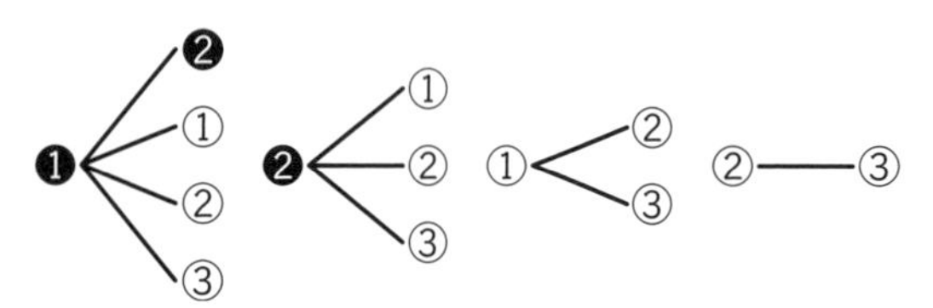

樹形図より，取り出し方は全部で10通り。
また，黒玉1個，白玉1個を取り出す場合は
6通りあるから，求める確率は，$\frac{6}{10}=\frac{3}{5}$

(2) 白玉が少なくとも1個出る確率は，
「1−（2個とも黒玉の確率）」を求めればよい。
2個とも黒玉になる場合は，樹形図より，
1通りなので，その確率は $\frac{1}{10}$
よって，$1-\frac{1}{10}=\frac{9}{10}$

確率のまとめ

●起こる場合が全部で n 通りあり，どれが起こることも同様に確からしいとする。そのうち，ことがらAの起こる場合が a 通りであるとき，

ことがらAの起こる確率 $P=\frac{a}{n}$

●場合の数をもれなく，重複なく数えあげるには，表や樹形図を用いる。
たとえば大小2つのさいころを同時に投げるような場合は次のような表をかくとよい。

大＼小	⚀	⚁	⚂	⚃	⚄	⚅
⚀	(1, 1)	(1, 2)	(1, 3)	(1, 4)	(1, 5)	(1, 6)
⚁	(2, 1)	(2, 2)	(2, 3)	(2, 4)	(2, 5)	(2, 6)
⚂	(3, 1)	(3, 2)	(3, 3)	(3, 4)	(3, 5)	(3, 6)
⚃	(4, 1)	(4, 2)	(4, 3)	(4, 4)	(4, 5)	(4, 6)
⚄	(5, 1)	(5, 2)	(5, 3)	(5, 4)	(5, 5)	(5, 6)
⚅	(6, 1)	(6, 2)	(6, 3)	(6, 4)	(6, 5)	(6, 6)

●（ことがらAが起こらない確率）
＝1−（ことがらAが起こる確率）